家训一百句

家训一百句

◉韩　昇　解读

復旦大學出版社

目　录

卷前小引

葛兆光

经典无疑很庄重和伟大，不过，在一般生活世界中影响至深的，常常不总是学者皓首不能穷的元典，而是删繁就简加了解说的选本，就像《唐诗三百首》和《古文观止》。通俗选本一方面给人省下了时间，让他在车上马下茶余饭后，很快能亲近那些高深的典册；一方面把经典再经典，经过选家披沙拣金，经由当下眼光锁定，经典被再度提炼浓缩。在现代生活世界里，人们常常没有从俗务中逃脱的机会，这时，精选的"一百句"或"三百句"这样的随身册子，就成了人们的精神快餐。也许很多人瞧不上"快餐"，可是，没有时间从容细细品味满汉全席的时候，快餐也不妨是一种补充体力和精神的选择。记得当年国门初开，《英语九百句》也曾因为简便实用，成为热门读物，当了很多人看世界的拐杖和眼镜。

这些年来，拿"经典"说事儿成了社会一大风气，傍"传统”造势也造就了很多风云人物，不过，我始终有些看法，在这里不妨说一说。一个看法是，千万别把“经典”这两个字理解得太褊狭，有人一提起经典，就想到儒家“五经”加上“四书”，这就把传统等同于儒家，把经典当成了儒经。还有人觉得，也可以把“老”、“庄”算上，可是，这个似乎网开一面的做法还是嫌窄，因为它换了个花样，只承认了“道家”的准入资格，最多满足了思想史家们对古代思想世界所谓“儒道互补”的简单判断。我倒觉得，佛教、道教以及诗词歌赋戏曲里面，那些经历了千锤百炼的东西，若是真的好，不妨也让它得到“经典”的名号。其实说到底，《诗经》里面被两千年恭恭敬敬当经典捧读的这“风”那“风”，当年也不过就是现在的民间小曲，甚至是流行歌曲，唐诗宋词元曲经历了千年吟诵，有什么当不得“经典”二字的？

还有一个看法是，学经典当然是为了温习文化记忆，接续历史传统，不过，传统的关键是在“传”而不在“统”，所谓“传”是发掘自己的资源，加以重新诠释，重建当下的文明。美国已故史华兹教授（Benjamin I. Schwartz）曾诧异道，世界上很多现存的文明古国都有“固守传统的民族主义”，唯有同样古老的汉族中国却流行“反传统的民族主义”，从“五四”以来一路反过来，至今不见停歇。其实很好理解，因为汉族中国原本是一个传统很厚、自居中央的帝国，在西潮的激烈冲击下，原本的自负和自豪，在颠倒后失衡，便会生出一种弃旧更新的冲动。就好像人和影子赛跑，一路狂奔，总想着甩脱随形之影一样。这时，人总处在紧张和焦虑中，紧张让人少了从容和洒脱，焦虑就使人顾不得教养和秩序。为了弃旧更新，各种文化、历史和经典都变得像时装，没有自信的人总是一件一件衣服穿上，又急急地一件一件脱下，仿佛哪一件都不称身，所以，没有消停和从容的时候。按照一种说法，文明就是在群体社会中人人按照秩序行事，就连"自由"，也得有己也有群，有权也有界，秩序便是边界，就像按节奏跳舞一样，任何抄截越次、鼠目寸光的行为都不是文明，也叫做没有风度。什么是有风度？如何才能有风度？一个途径就是多读一下经典，多看一下传统，心中有几千年的底气，肚里有若干册的书本，或者就能够让人变得自信一些，而自信则能使人从容一些。

"传统"是活的而不是死的，一本题为《为传统声辩》(*The Vindication of Tradition*)的书里说，"传统是死人的活信念，传统主义是活人的死信念"，这话很对。一方面我们绝不是要离开传统开辟新路，这种"把历史归零的幻想"并不切实际；另一方面我们面对过去，也绝不想寸步不移地死守这个"信念"。我想，在当下语境中重新阅读经典，也许正是创造地诠释传统的途径。

不过，"诠释"两个字相当沉重，它意味着既不能远离文本的旧含义，却又要解释出经典的新价值，要在这种既旧且新之中，传递经典延续传统。因此，如何重新解释经典，让它与现实生活世界产生共振效应，是很难的。这套书里的几位作者，是比我年轻的学界朋友，他们是真正的专家，虽然他们不能像时下一些诠释者那样，不需要太多的知识依傍就可以裁出一件叫做“经典”的全新时装，但是可以相信，他们会借助经典的原料，端出一盘既原汁原味又很具新意的精神菜肴。有人说，一个时代需要有一大批具备充分知识、深信自己传统又坦然面对世界的人，由他们来诠释经典和传统，并赋予这个时代的知识风尚和思想趣味；只有这样，他们所深信的传统、他们所尊重的经典、他们解释世界的语言和词汇、他们的秩序感和教养，甚至他们的衣着、语调、乐趣与爱好，才能够形塑这个时代的既深厚又普遍的文明。

这话我相信。

2007 年 4 月 13 日写于复旦光华楼上

为人处事的经验与智慧

韩昇

小时候，生性顽皮，又遇到十年动乱，成天玩耍，爬树摘果，浪里白条，何等自由。最害怕的就是听家长的教训，这个规矩，那个限制，见到长辈要请安，吃东西要让先，读书要端坐，写毛笔要悬腕运气，简直烦透了。在学校读了点书，更是心高气傲，早早就觉得参透了天地玄机，人虽小，口气却大，夸夸其谈，口无遮拦。

不知不觉中，吃了许多苦头，栽了不少跟斗。到农村，才知道自己原来五谷不分，进工厂，方晓得最简单的几何有此妙用，与人相处，更是深刻体会到要谦让互助，知礼守法。回想起来，那些基本的做人道理，原来就包含在长辈平日的唠叨之中。看看周围一些人，从小任性，没人管教，长大后使小心眼，损人利己，与同事相处，欺行霸市，贪得无厌，结果不是犯罪入狱，就是众人避之有如瘟神。这才感到“不听老人言，吃亏在眼前”。

于是，找来古训格言，细细品读，对人生开始有了一点感悟。别看那些短短的格言家训，里面包含着多少生死成败的经验教训！一生的付出，换来的就是那么一句朴实无华的话，后人漫不经心地草草翻过，狂傲者甚至视之为迂腐而嗤之以鼻，到头来却须再付出一生的血泪去重新证明这句话。仔细想来，人生就是用自己的实践在参悟这个世界，不管是自然的还是社会的。用一生的经历总结出来的人生格言，更显得如此深沉，如此充满智慧。

格言多为社会广泛知晓、认同和接受的为人处世的基本道理，家训则是限于家族内部供子孙后人阅读的训戒。因为是经验之谈，所以，它不同于一般说教的书籍，读起来觉得亲切，而且可靠和踏实。毕竟家训是用来教育培养自家子弟，谁不望子成龙，祈求家族荣耀富庶、长存于世？故长辈自然会尽心把祖上世代积累下来的真知感悟仔细记录下来，传授给子孙，让他们不再走弯路，早早踏上人生坦途。家训融合了社会的行为准则和家族的处世经验，很少有大话虚饰，其中不少是秘不示人的独家心得。语言朴实，寓意深刻，寄望殷殷。

走捷径，走阳关大道，谁不希望如此。大家都在寻找成功的秘诀，无不把目光投向族内秘传的家训。中国人非常注重家庭及其教育，甚至可以说中国人自古以来就是以家为本的，有家才有乡，有祖宗才有国家，家族是真正的百年基业。古代有多少家族，经历无数次改朝换代的惊涛骇浪而不坠，其兴隆者，诗书传家，将相辈出，长盛不衰。他们到底靠的是什么祖传秘籍呢？

还好，由于印刷术的发达和社会公开化程度的日益提高，众多家训流传出来，其佳者被镂版刊刻，成为许多家庭的样板。特别到了信息化时代的今天，进图书馆就很容易读到各种家训。逐本披阅，猎奇者恐怕要大失所望。一本又一本的家训，无非教导后人如何立志、砥砺、知书、达礼、勤俭、谦和、兴善、除恶，做一个有责任心、事业心和仁爱心的堂堂之人。其中没有丝毫的花头和权谋。难怪那些行为粗野、损人利己的人往往被众人斥为没有家教。

可是，有些人偏偏不信，从自己吃亏挫折的教训得出如何投机取巧损人利己的招数，教给年幼的子女，唯恐他们吃亏，以为从此获得了致富腾达的秘诀。这种情况自古早已存在。只不过暴发者暴落，占尽便宜者最后血本无归。从古至今，不管世道如何变幻，谁曾见到被千夫所指的家族长存于世？当然，有不少家族的起家史未必都能昭示于人，但是，看看他们的家族史，不难发现能够香火传续者，无不是早早醒悟奸巧诈术可以得逞于一时却不能长久，所谓夜路走多了一定会遇到鬼，故回心向善，甚至更加严格要求后代安分守己。这就是为什么有些发迹史不太光彩的家族，其家训并无奸巧之处。看来本分做人是为人处世乃至家族绵延不绝的正道，别无他途。

本分不是窝囊。要做个堂堂之人，顶天立地，从小就要毫不松懈地磨炼砥砺，而其修习之道，正是家训要传授的。从日常的礼节到处世的经验，大大小小，无不尽心点拨。说到底，家训要把自家子女培养成能人强者，一个博学高雅之人，对家族对国家社会都有所建树的栋梁之才。出人头地靠的不是损人利己，而是要自强不息。只有修身自律，才能在机会到来之际，迎着潮流而上。我们常说的机遇，或者命运，不见得都偏爱个别人，许多机会平等地出现在每个人的眼前，要看你具备了捕捉机会的眼光和胆识与否，而这种素养就要靠个人的历练。为什么家训总是教导年轻人要吃苦耐劳，要勇于承担，要有宽阔的胸怀气魄。一个人的事业有多大，成就有多高，就看他的心胸有多宽阔。斤斤计较，汲汲于蝇头小利者，是成不了大事的。回过头看看那些教子女从小与人计较、不肯吃亏的人，是不是太过局促？小事精明，大事糊涂，反而误了自家孩子的前程。佛教修行强调施舍，施舍的要义不是恩赐别人，而是学会放下自己，从零头小钱直到家产财宝都能舍弃，人也就得到解脱了。功名利禄无非身外之物，儒家虽然不讲得道成佛，却也追求仁义博爱，兼济天下。唐朝诗人杜甫受困之时，想的是“安得广厦千万间，大庇天下寒士俱欢颜”，何等广阔的胸襟！把自我融入社会，与民族国家同在，这样的家门才能维持不坠，此乃是古人从千百年的个人与家族奋斗史中总结出来的经验，正所谓“积善之家有余庆”。家训的目的就是希望培养一代又一代能挑起家族与社会重任的人才，使得宗族香火不断。

当然，家训是中国近代以前大家族的遗产，其中也有许多不适合今天社会的东西。尤其在专制独裁时代，出现了不少反人性的说教。但应该说，教人成才、导人向善是其主流。家训之中，不乏反映社会风俗、处世人情的精彩之作，留下许多有趣的故事，启人至深。像南北朝时代漂泊辗转、历仕南北多朝的颜之推所撰写的《颜氏家训》，从丰富的历史变迁中，总结出极为深刻的为人处世的经验教训，而且还从各种趣闻中刻画出当时的世态人情，成为家训的杰作。本书从历代各朝林林总总的家训里，摘取一些能够表现中国文化特点并且对于今天颇有启发意义的格言家训，试作现代解释，与读者共同品味，陶冶性情。

2007年12月31日

家教

吾家风教，素为整密。

中国古代是一个十分重视家庭的社会。孟子曾经说过："不孝有三，无后为大。"把家庭的延续视为重中之重的事情。家庭在古代扮演了许多重要的角色，是人们生存和生产的基本单位，社会的基本细胞，维持地方管理的基石，甚至是国家政治的重要组成分子。所以，在中国的词汇中，国和家常常是连在一起使用的，例如大家熟悉的"国家"一词。

在数千年的历史长河中，不断有家族崛起，也有家族沉沦，新老更替，却有一些家族饱经世事沧桑，绵延数百年，成为历史上的名门大姓，影响深远。为什么有些家族骤起辄衰，有些家族却能够长期维持下来呢？

从家族兴起的历史来看，能够骤然勃兴的家族，往往是军功起家者，还有就是官场得意或者商贩牟利者，这些家庭原在民间，没有多少文化，因为风云际会突然崛起。崛起之后，能不能够长期延续下去，就是一个艰巨的课题。大部分家族都衰落了。并不是他们想衰落，而是他们没有找到让家族延续下去的关键。他们有钱有势，溺爱子女，结果孩子长大后，不是为非作歹锒铛入狱，就是挥金如土坐吃山空，其短者一代而衰，稍好一点的也逃不过"富不过三代"的命运。

那么，那些长期延续的家族，诀窍在哪里呢？那就是紧紧抓住子女的教育和形成大家族的网络，顺应时代，与时俱进，让子女一代代成为时代的弄潮儿，保持家族长盛不衰。

中国古代社会，是一个官僚社会，国家掌握社会的绝大部分资源，因此，家族必须和国家的命运紧紧相连，才能维持繁荣。官僚社会，在某种意义上说，也是一个精英统治的社会，只有在文化上脱颖而出，才能融入国家机器之中。所以，我们看到大家族无不以教育为本，不惜重金，培养子女。他们认识到教育的重要，故其家族大堂上往往高悬诸如"诗书传家"、"耕读传家"之类的匾额。同那些只晓得依仗权势作威作福的家族相比，从军功、官位、金钱及时向文化转变的家族，抓住了社会发展的主流。

光有知识，其实是远远不够的。许多文化家族依然衰落。所以，子女的教育还必须从小严格管束，让孩子顺从礼仪秩序，在人口众多的大家族中找到自己的位置，敬老爱幼，勤俭耐劳，学会与人相处，也就是一整套维持家族秩序的"礼"，为人儒雅，办事有分寸。所以，书本知识和现实的家族礼教，构成教育的两个方面，相辅相成，缺一不可，也就是所谓的"知书达礼"。由此来看今日的子女教育，往往只注重书本知识的学习，而忽视做人的培育，结果孩子读了点书，恃才傲物，不能与人相处，反而遭损。

有知识，懂礼仪，就具有了当官的基本素养，便可以通过各种途径跻身官场，谋求出人头地，光宗耀祖。家族的教育，可以说是人生教育打基础的阶段。各大家族通过一套家族教育的实践，总结出自己的心得经验，保持下来，形成家风，代代延续，源源不断为官场输送人才，同时也就维持家族的长盛不衰。其家教精华，便是无数的家训。

颜之推祖上为北方士族，随晋元帝南渡，落户江南。他出生于梁武帝时代，死于隋文帝开皇年间。其家教甚严，从小刻苦学习，博览群书，成为南北朝时代杰出的学者和官员。然而，他的一生颇为不顺，早年因家学而声名大噪，十九岁就担任王府右常侍，少年得志。可是，由于战乱，他数度成为俘虏，死里逃生，被掳往西魏，后来逃到北齐，企图南归。途中听说梁朝被陈朝所取代，不得已留在北齐，因文才而任职中枢机构，看透了官场的权谋倾轧，自己也屡遭排挤，险些罹难。北周灭齐，他再次当了俘虏，转仕北周。隋朝篡周，他被隋太子杨勇召为学士，不久病逝。

历仕南北三朝的经历，让他对于世态人情、官场内幕都有非常深刻的了解。他写了《颜氏家训》，总结为人处事的经验教训，用以教育子孙，目的当然是为了家族香火绵绵不绝，子孙人才辈出。他自己对于一生的回顾，让我们能够从一个方面看到古人是如何教育、培育子弟的。

原文

吾家风教，素为整密。昔在龆龀，便蒙诱诲；每从两兄，晓夕温凊。规行矩步，安辞定色，锵锵翼翼，若朝严君焉。赐以优言，问所好尚，励短引长，莫不恳笃。年始九岁，便丁荼蓼，家涂离散，百口索然。慈兄鞠养，苦辛备至；有仁无威，导示不切。虽读《礼》《传》，微爱属文，颇为凡人之所陶染，肆欲轻言，不修边幅。年十八九，少知砥砺，习若自然，卒难洗荡。二十已后，大过稀焉；每常心共口敌，性与情竞，夜觉晓非，今悔昨失，自怜无教，以至于斯。追思平昔之指，铭肌镂骨，非徒古书之诫，经目

今译

我家的门风家教，一向严格缜密。往昔我还在孩提的时候，就受到教导。时常随着两位兄长，早晚侍奉双亲。举手投足，都有规矩，神色平定，言语谦和，走路恭正，就像给父母请安一般。长辈送我美言佳句，询问我的喜好，激励我扬长补短，十分诚恳殷切。我刚满九岁之时，就痛失父亲，家道中衰，一门百口，萧索冷落。慈爱的兄长挑起养家的重担，辛苦备至。可是，他宽仁而没有威严，督导训示不严格。我虽然读了《周礼》、《左传》，也喜欢舞笔弄文，但是，受到凡俗之人的影响颇

过耳也。(〔隋〕颜之推《颜氏家训》)

大，常常随心所欲，信口开河，不修边幅。到十八九岁，稍微懂得要立志磨练，只是有些习惯已成自然，一时难以涤荡尽除。二十岁以后，我就很少犯大过了，内心经常会自我警惕，不要随口妄言；理智与情感冲突，晚上察觉到白天的错误，今日后悔昨日的过失，自叹没有受到良好的教育，才到这种地步。追思平日立下的志向，刻骨铭心，不是阅览耳闻古书训诫可以比拟的。

咬得菜根，百事可做

咬得菜根，百事可做。

宋朝有个文人，名叫汪革(字信民)，说了一句话："咬得菜根，百事可做。"没想到这句话顿时传遍城市乡村，被人们大加赞赏，成为名言。

咬得菜根，说的就是要能够吃苦耐劳。这句话，对于生活越来越富裕的当代社会，尤其有意义。

一个人开始懂事，就应该给自己立下志向，有意识地造就自己。特别是在今天的社会，父母望子成龙心切，巴不得自己的孩子出人头地，长大成为人中人，便给孩子立下十分高远的目标，起早读英语，接着上学校，回来练钢琴，读名著，做作业……早起晚睡，把全部的心思都放在提高智力上。

从孩子到家长，很少人意识到这种培养孩子的方法从一开始就有问题，甚至是完全错误的，不知不觉中把孩子往一条没有前途的路上驱赶。

一个人成才，是由多种要素并配合环境条件才能达到的。就自身的内在要素来说，首先要有一个健康的身体，树立坚强的意志，还要有高的智商、情商和灵商。智商是大家所熟知的，反映一个人的聪明才智和创意。情商则是情绪控制、自我认识与协调处理人际关系的能力。灵商反映出一个人的价值观、人生观和世界观，表现个人在处世中对真伪是非的判断能力。后面二者比智商要重要得多。这么一列，就可以看出片面提高智商的问题来了。

对于事物，能不能够认识和愿不愿意去认识，是相互联系的两个方面。许多事物，我们并不缺乏认识能力，却因为各种成见而不屑一顾，蒙蔽了自己的眼睛。要破除这一点，首先就要放下内心深处的傲慢与偏见，不要自视过高，而要怀着谦虚的态度，把自己放在应有的位子上平等地、心平气和地去观察认识事物。菜根是大家弃之不顾的东西，能够咬断菜根，就表明你能够吃苦，还表明你愿意吃苦，这时候，心中阻碍你去认识事物的障碍被破除了，你就可以立志去做各种事情了。也就是说，吃苦耐劳、谦虚平和，是立身处世最重要的第一步。

孟子曾经列数历史上做大事业的人的成长道路，例如舜耕种于历山，从田野发迹；傅说原是筑墙的泥水匠，后来得到重用；胶鬲贩卖鱼盐，周文王提拔他；管子更是从狱官手里获得释放，被齐桓公委任为相；孙叔敖隐居于海滨，楚庄王以他为令尹；百里奚流落于楚国市井，秦穆公用五张羊皮将他买来，授以国政。这些人都起自乡里，懂得民间疾苦。故孟子总结他们的经历，说了一段名言：

> 故天将降大任于是人也，必先苦其心志，劳其筋骨，饿其体肤，空乏其身，行拂乱其所为，所以动心忍性，曾益其所不能。

原文

咬得菜根，百事可做。

（〔明〕洪应明《菜根谭》）

今译

能吃得了菜根，就什么事都能做了。

要有一副坚强的体魄

此等世界，骨脆胆薄，一日立脚不得。

这是清朝著名学者孙奇逢（1584—1675）写的家训。孙奇逢是明朝的进士，崇尚理学，和李颙、黄宗羲并称为“清初三大儒”。他虽然是一介书生，却清楚地认识到，在社会上做事，首先要有一副坚强的体魄和胆识。

一个人想要踏入社会成就一番事业，首先就要有一副硬骨头。硬骨头有两重意思，一是要有坚强的体魄，二是要有胆量，敢作敢当。

坚强的体魄不靠养，而靠磨炼，这一点，对于今天的子女教育特别有意义。

现在实行独生子女政策，家家都是独苗，生怕他（她）长得不强壮，于是买来各种营养补品，从小精心喂养，三餐美味佳肴，餐后零食不断。小孩子挑食，喜欢吃西式蛋糕、冰淇淋，多吃炸烤肉食，多糖、高蛋白、高脂肪，营养严重过剩。更糟糕的是父母心疼孩子，唯恐他们受苦受累。常常听见父母对人说自家孩子体质不好，百般呵护，使得他们多吃少动，筋骨得不到锻炼，结果看起来白白胖胖，其实筋骨松脆，既没有体力，更没有耐力，跑两步，气喘如牛。以前老年人得的心脑血管病和糖尿病，迅速向年轻人甚至儿童蔓延。东亚国家自古是农业社会，长期以五谷杂粮为主，又经过20世纪大半时期的贫苦，在今天经济发展、生活好起来的转型时期，大量增加的西式高糖高脂肪食品，使得东方人在体质上难以适应。所以，年轻人得老年病的现象，在较早发达起来的日本已经相当突出了，在我国也出现快速增长的趋势。

最要命的是对孩子一味溺爱，不但物质上要什么给什么，从没让他们体会到每一件东西来之不易；在精神上更是表扬有加，近于吹嘘。幼时背唐诗，便夸作神童；学前能算数，就以为是爱因斯坦再世。夸得孩子心比天高，从小就看不起别人，养成一身孤傲戾气。

这种完全在顺境中培养出来的孩子，“骨脆”且不说，尤其缺乏面对困难和挫折的心理承受能力。当今中国的大学出现世界上难得一见的奇怪景观，周围住满了从各地远道而来的父母，为读大学的子女做饭洗衣，陪读伺候。看似身形高大的孩子，上体育课晒晒太阳便昏厥过去；考试拿不到高分，自愧不如他人，便轻生自杀，越是著名的大学，学生自杀的例子越多，道理就在于他们是温室里的花朵，“胆薄”。这样的孩子，当然在社会上“立脚不得”。

北齐武成帝偏爱小儿子琅邪王，平日吃喝穿戴，都和太子一样，父亲成天当面夸奖他聪明，将来必定成大材，吹得他趾高气扬，凡事都要和太子计较，有什么新奇的东西，都得先进献给他，然后才能给太子，全然没有规矩。太子当上皇帝之后，琅邪王生活待遇依然要同皇帝相比，甚至有过之而无不及。母亲也为他撑腰，要皇帝哥哥让着弟弟。琅邪王越来越骄奢，竟然设计诱捕朝中大臣，起兵作乱，最终被处死。

溺爱娇宠子女，长大后目中无人，唯我独尊，招来大祸的事例，在历史上实在太多了。那么，应该怎样教育孩子呢？

近代新文化运动的领袖胡适，是其父晚年续弦生下的儿子。胡适生下来不久，父亲就去世了，年轻的母亲终生守寡，含辛茹苦抚育胡适，把胡家再兴的希望都寄托在他身上。可是，胡适从小体格孱弱，甚至不能和村里的小朋友一起玩耍，这么一颗弱不经风的幼苗，看起来能拉扯成人都不容易。

但是，胡适的母亲并不因为儿子身体弱就溺爱他，而是注重从身体、精神上激励他，严格教育毫不放松。长大后的胡适回忆他的童年说道：

> 我母亲管束我最严，她是慈爱母兼任严父。但她从来不在别人面前骂我一句，打我一下。我做错了事，她只对我一望，我看见了她的严厉眼光，便吓住了，犯的事小，她等到第二天早晨我睡醒时才教训我。犯的事大，她等人静时，关了房门，先责备我，然后行

罚，或罚跪，或拧我的肉，无论怎样重罚，总不许我哭出声音来，她教训儿子不是借此出气叫别人听的。

胡适的母亲是个乡下人，没见过太大世面，她所见到的好男人就是逝去的丈夫，所以，她总是用他来激励儿子：

每天天刚亮时，我母亲便把我喊醒，叫我披衣坐起。我从不知道她醒来坐了多久了，她看我清醒了，便对我说昨天我做错了什么事，说错了什么话，要我认错，要我用功读书，有时侯她对我说父亲的种种好处，她说："你总要踏上你老子的脚步。我一生只晓得这一个完全的人，你要学他，不要跌他的股，"（跌股便是丢脸出丑）她说到伤心处，往往掉下泪来，到天大明时，她才把我的衣服穿好，催我去上早学。学堂门上的锁匙放在先生家里；我先到学堂门口一望，便跑到先生家里去敲门。先生家里有人把锁匙从门缝里递出来，我拿了跑回去，开了门，坐下念生书，十天之中，总有八、九天我是第一个去开学堂门的。等到先生来了，我背了生书，才回家吃早饭。

我们知道，胡适后来成为新文化运动的旗手，担任了许多重要的文化职务，我们可以看一看他在北大时期的生活日程表，白天上课、开会，晚饭后接待客人，访问朋友，每天畅谈至夜里十二点，万籁俱寂，这才开始写作，到三四点上床，睡三四个小时，起来工作，中午小睡约一小时。不难看出，胡适的日程很满，工作繁重，但他始终保持着充沛的精力和热情。由此可见，儿童的身体处在发育时期，与其溺爱进补，不如在保证温饱的情形下加强身体和精神方面的教育和磨炼，随着身体发育，孱弱可以变得强壮，但是，缺乏挑战困难的勇气和毅力，肯定不会成为一个承担重任的强者。小时候严格的教育，待到孩子长大后，便会深切体会到对其人生有何等重要，胡适饱含深情回忆道：

我十四岁（其实只有十二零二、三个月）便离开了她，在这广漠的人海里，独自混了二十多年，没有一个人管束过我。如果我学得了一丝一毫的好脾气，如果我学得了一点点接人待物的和气，如果我能宽恕人，体谅人——我都得感谢我慈爱的母亲。

原文

此等世界，骨脆胆薄，一日立脚不得。尔等从未涉世，做好男子，须经磨练。生于忧患，死于安乐，千古不易之理也。（〔清〕孙奇逢《孝友堂家训》）

今译

当今的世界，体弱胆怯的人，一天都立足不得。你们从未涉世，要做个好男儿，必须经过磨练。生于忧患，死于安乐，这是千古不变的至理。

溺爱孩子是慢性毒药

为人母者，不患不慈，患于知爱而不知教也。

王僧辩是南朝名将，统军驰骋疆场数十年，屡立战功，更让人称道的，是这位在战场上叱咤风云，让敌人闻风丧胆的大将军，性格十分平和，日常待人接物，彬彬有礼，说话和气，关心他人，一点儿也不像是勇猛的武将。他善于治家，一族和睦，当长辈的慈爱，做子孙的恭敬。人说“家和万事兴”，王僧辩里里外外都欣欣向荣，虽然他为人低调，一再自抑，还是步步高升，当上了朝中位高权重的大司马官，满朝文武乃至民间邻人无不羡慕。

王僧辩的性格品德，是其母亲自幼教育的结果。其母教子甚严，对儿女严格要求，从小就要求他们读书学习，守礼谦让，生活俭朴，工作勤恳。她调教出来的孩子，助人为乐，讨人喜爱，这就使得他们得到周边人的拥戴，升迁很快。然而，官做大了，其母更严格要求儿子谦虚谨慎，不可以权位富贵自居，傲慢待人。说实话，一个人高升了，周围不乏心胸狭小的人，心里嫉恨着呢。若不谦虚，更加招忌，不知什么时候就容易遭人陷害。故王僧辩当上大将，年纪也过了四十岁，仕途正当红的时候，其母亲丝毫也没有放松对他的要求，做错了事，其母甚至还会揍他。因为有严母在内督促，故王僧辩当了最高的官，保得家族平安。

古人教子，有大爱和小爱之分。大爱如同王母，从大处着眼，教育子女成才，学会团结大家，奋发向上，切莫恃才傲物，违法乱纪。小爱则是对子女百依百顺，生活上呵护得无微不至，唯恐孩子与人相处吃亏，故从小教他们如何用心计，斤斤计较，甚至损人利已。结果孩子吃不了苦，做不了事，与人相处得一塌糊涂。与王僧辩同时代的另一学士，就是鲜明的对照。

此学士的父亲十分宠爱孩子，从小惯着，什么都顺着小孩子的意思，一味表扬夸奖，怎么看自家的孩子都聪明过人，偶尔说出一句有道理的话，做父亲的就会高兴得欢呼鼓掌，跑出去告诉街坊邻人，仿佛是上仙下凡。小孩子做错了事，也会拼命替他掩饰，甚至不惜与人吵架。这孩子衣来伸手，饭来张口，对父亲吆喝驱使，长大后对什么人都像使唤其父一般，自命不凡，脾气越来越大。后来，家里通过关系让他到官府里当份差事，他眼高手低，成日抱怨，看谁都无能，甚至公开指斥长官，话讲得十分刻薄，其长官可不是什么好惹的人，一怒之下，把他宰了，剖腹抽肠，死得凄凄惨惨。

宠爱孩子，不加管教，从小就不懂得规矩和礼让，都要别人顺从自己，小时任性，大了就要犯事。我们常常可以看到惯坏的孩子，首先就是对父母尊长不好。最近发生一件案子，有一个女孩子，小时候父母离婚，她被判给父亲。由于父亲处境贫困，所以将她交给祖母抚养。祖母觉得孙女失去母爱，格外疼她，虽然不富裕，却尽力满足她的要求。由于没有父母管教，而祖母只会宠她，所以她养成坏脾气。他父亲辛苦工作，挣得一点钱，租了一套公房，祖孙三代住在一起。不料天有不测风云，父亲太操劳了，患病去世。祖母用自己攒下的钱，买下这套房子，想想自己年事已高，房子迟早归孙女，便把所有权登记在孙女名下。孙女长大后，谈恋爱结婚，竟然翻脸要把祖母赶出家门。祖母已经八十多岁了，无处可去，不肯搬走。孙女径到法院起诉，以祖母侵占其房子为由，要法院判令祖母搬出。当然，法院以违背道德而不予受理。然而，这个案子引起很大的社会反响。

溺爱子女是一副毒药，到长大后发作。自家孩子自己不教育，非要等到别人来教育，或者长大后反目成仇，都不会有什么好结果。做父母的与其眼看着自己的孩子长大后受苦受难，真不如从小好好教育，那才是从根本上疼爱孩子。

原文

为人母者，不患不慈，患于知爱而不知教也。古人有言曰：“慈母败子。”爱而不教，使沦于不贤，陷于大恶，入于刑辟，归于乱亡。（〔北宋〕司马光《家范》）

今译

作为母亲，不愁不慈爱，反倒是要担心她只懂得疼爱子女而不知道管教。古人说：“慈母败子。”只是疼爱而不晓得管教，会使孩子变得不贤，甚至犯不赦之重罪，遭受刑罚，身败名裂。

聪明的孩子容易挫折

子弟朴纯者不足忧，唯聪慧者可忧耳。

谁家都希望有个聪明的孩子，从咿呀学语就开始给他灌输文化知识，教这个教那个，唯恐他比别人家孩子驽钝。看到孩子说上几句漂亮的话，就高兴得手舞足蹈，逢人便急着诉说自家孩子如何了得。然而，古人未必会像我们这么高兴，生了个聪明的孩子，首先感到的是要加倍费心去调教，把对孩子的赞扬深深埋藏在心里，绝不轻易表露出来。这并不是他们不爱孩子，而是害怕教育不善，到头来反而害了子女。

为什么这么说呢？清朝著名学者张履祥说出了其中的道理。他总结历史上下场凄惨的人大多是聪明人，反而是老实本分的人得到善终，悟出了其中的道理，老实的孩子小心谨慎，没有野心也不会随便伤人，因此容易和大家共处，相安无事。聪明的孩子，特别是从小就被父母和周围的人捧得高高的，心比天高，觉得自己比别人了不起，别人学半天的东西他看几眼就会了，所以不会认真对待任何事情，好高骛远，做什么事都只有三分钟热情，没有恒心，又看不起别人，满嘴大话，遭人讨厌，得罪了人还不知道，最后总是吃大亏。

其实，西方人对于所谓的聪明人也有和我们相同的看法。洛克菲勒集团的副总裁布雷特恩·塞克顿就说过："聪明人总以为自己比别人知道得多，这离无所不知也就只一步之遥了。"这可不是一句表扬的话，所谓的"无所不知"其实包含着浅薄的意思，和无知相去不远。

西方有一种看法，认为法兰西人肚子里聪明，西班牙人表面上聪明，前者是真聪明，后者则是假聪明。且不论这个说法是否准确，培根对此评论道："生活中有许多人徒然具有一副聪明的外貌，却并没有聪明的实质——'小聪明，大糊涂'。冷眼看看这种人怎样机关算尽，办出一件件蠢事，简直是令人好笑的。例如有的人似乎特别善于保密，但保密的原因其实只是他们的货色不在阴暗处就拿不出手。这种假聪明的人为了骗取有才干的虚名，简直比破落子弟设法维持一个阔面子的诡计还多。凡这种人，在任何事情上都言过其实，不可大用。因为没有比这种假聪明更误大事了。"在社会上，要小聪明，占别人小便宜的人屡见不鲜，结果落下坏名声，走到哪里大家都敬而远之，真正是精明而不聪明。《红楼梦》里的王熙凤成天工于心计，精明得不得了，结果是"机关算尽太聪明，反送了卿卿性命"。

孔融是孔子的二十世孙，幼年让梨于兄，传为佳话，《三字经》称:“融四岁,能让梨。”从小就有神童之名,机灵善辩,十岁时径闯号称“一代龙门”的司隶校尉李元礼家,语惊四座。太中大夫陈韪后到,有人把孔融的机智告诉他,他说:“小时聪明,长大未必成才。”孔融反唇相讥道:“想来您小时候一定很聪明了。”反应固然敏捷,但倨傲之状显露无遗。史书评论他志大才疏,正是此类“神童名士”的共同特点。他虽然立志澄清天下,但是,对时政的批评多流于空洞,甚至感情用事,起了相反的作用。例如,曹操为了清除奢靡之风,节约粮食,下令禁酒,孔融好酒,因为改革触动其个人利益,便上书反对,冷嘲热讽;曹操远征乌桓,安定华北,他也调侃讥笑,完全没有看到边疆形势的严峻。

像孔融这样的神童名士,自命不凡,实际上眼高手低,大事做不来,小事又不做,只会饮酒做诗,高谈阔论。建安元年(196),袁绍派其子袁谭率兵把孔融围困于青州,几个月下来,城内守兵只剩百余人,形势万分紧急。身为主帅的孔融却每天安坐于府内,读书吟诗,与人议论,就是拿不出一点退敌之策,结果城池被攻破,他只好落荒而逃,妻子儿女全都当了俘虏。尽管他没有治理之才,镇不住狡猾的贪官污吏,却鄙视做地方官,觉得自己怀才不遇。

其实,曹操建立魏朝,就是要改变东汉高门大族垄断政治的局面,而孔融正是高门的代表,他不但看不出改革的方向,反而一再嘲弄曹操,恶语伤人,最后被曹操借故处死。

从孔融的实例可以明白古人为什么特别忧心聪明孩子的教育,这样的孩子不需要担心其智力,倒是要注意不要随便给于过高的表扬,助长其傲气,更不可以教他把聪明用于不当之处,譬如自私自利、算计别人、贪小便宜等等,要时刻注意抑制浮夸,培养自谦、刻苦和有恒心的品质。世上成事者往往不是最聪明的,过于聪明反而容易遭受挫折,做家长的需要高度警惕。

原文

子弟朴纯者不足忧,唯聪慧者可忧耳。自古败亡之人,愚钝者十二三,才智者十七八。盖钝者多是安分小心,敬畏不敢妄作,所以鲜败;若小有才智,举动剽轻,百事无恒,放心肆己,而克有终者罕矣。([清]张履祥《训子语》)

今译

子弟中纯朴者不必担忧,反而是聪明的要小心。自古以来的失败者,愚钝之人只占十分之二三,而聪明才智者占到十分之七八。一般说来,驽钝的人大多安分守己,胆小恭谨,不敢胡作非为,所以很少失败;倒是那些有点小聪明的人,举止轻浮,对什么事情都没有恒心,放纵肆欲,所以少见能够保全善终的。

聪明反被聪明误

(聪明)若用于不正,则适足以长傲、饰非、助恶,归于杀身而败名。

聪明的孩子,或者自视聪明的孩子,一般有这样几个特点:第一,自高自大,瞧不起别人,口无遮拦,喜说大话、空话,出言奇险刻薄,常常恶言伤人,从不顾及对方的感受。第二,内心大多寂寞,尤其是负有聪明之名却没有真才实学的人,唯恐露出破绽,被人瞧不起,容易不择手段造假以抬高自己,也会自觉或者不自觉地与人拉开距离,落落寡合。第三,对于同样倨傲的人,反倒气味相投,结成很小的圈子,相互吹捧,傲视天下。汉魏之际的孔融和杨修就是典型的例子。

孔融目中无人,却看重和他一样被称作名士的杨修,他们都出自高门,崇尚浮华,放荡不羁,桀骜不驯。杨修是曹操门下掌库的主簿,官不大,但却十分看不起曹操,因为曹操祖父是宦官,而且,作为乱世枭雄,身上沾染了不少恶习,诸如好色、耍阴谋手段等等,用儒家道德标准去衡量,可以抨击之处就更多了。杨修也不加掩饰,经常在曹操面前抢先表现出机智,以反衬曹操不如自己,甚至在大庭广众道破曹操内心的想法,让曹操很丢面子,他却自鸣得意。

有一次,曹操修园,将竣工时,曹操前来视察,对园子好坏一言不发,只是在门上写了个“活”字,便离去了。众人不解其意,杨修站了出来,哈哈大笑,说道:“这还不简单?门内添一活字,不就是阔嘛。曹操嫌门修得太阔了。”工匠们将门改小了,曹操再来看时,十分满意,问是谁的主意,手下告诉他是杨修,曹操倒是蛮欣赏杨修的聪明。可是,卖弄小聪明的事情多了,就变成对曹操的嘲讽和不恭敬了。

曹操曾收到一盒酥饼,他在礼盒上写了“一合酥”三个字,出去办事。杨修走进曹操屋内,看了曹操的字后,便打开来拿出酥饼分给众人吃。曹操回来一看,不由色变,责问众人为什么不经他的同意就吃饼,杨修从容答道:“我们是按照您的吩咐吃的。您不是写‘一人一口酥’吗?”古人竖排写字,“一合”可以拆成“一人一口”。杨修自以为得意,曹操内心暗怒,这个玩笑已经让曹操感到没有规矩和嘲弄的味道了。

曹操远征,途经著名的曹娥碑,见上面有汉代著名学者蔡邕的题词:“黄绢幼妇外孙齑臼。”曹操看不明白,杨修却在一旁发笑,曹操想了半天,还是想不清楚,回头问杨修,杨修面露得意之色,答道:“黄绢,乃色丝,丝旁有‘色’,为‘绝’

字；幼妇，乃少女，女旁多个‘少’，为‘妙’字；外孙，乃女之子，女旁加‘子’，为‘好’字；齑臼，乃捣蒜钵子，是受辛之器，受辛二字合一，是‘辤（辞）’字，故蔡邕是在称赞碑文为‘绝妙好辞’。”杨修猜字悟性确实过人，然而，当众拆解，很让以文学自负的曹操丢面子。曹操已经感到杨修在身边犹如锋芒在背了，只有杨修还在趾高气扬。

终于有一次，曹操对刘备作战不利，进退两难，值日军官请示当晚的口令，曹操望着桌上碗里的鸡肋，就说道："鸡肋。"杨修听说当晚的口令为"鸡肋"，径自整理起行装来，还告诉其他将士说："鸡肋乃‘食之无肉，弃之可惜’的意思，现在进不能胜，退又怕人耻笑，留在此地无益，明天主上一定会下令退兵的。所以，我们先做准备，免得临时慌乱。"大家都觉得有道理，纷纷打理行装。曹操出来一看，大吃一惊，一问，原来又是杨修在捣鬼，便以造谣惑众、动摇军心的罪名将杨修处决，悬首级于辕门。杨修聪明终被聪明误，落了个凄惨的下场。

其实，像杨修这种喜欢卖弄的，只是小聪明而已。夸夸其谈、喜欢炫耀者，都不会是真正的聪明人，而属于孔子所批评的"巧言令色，鲜于仁矣"。

耍小聪明，争风吃醋，往往招损惹祸。苏东坡年轻的时候，也喜欢与人争胜，吃了不少亏。相传他后来给新生婴儿致贺时，写了这样一首颇具警戒意味的诗：

人皆养子望聪明，我被聪明误一生；
惟愿孩儿愚且鲁，无灾无难到公卿。

原文

（聪明）若用于不正，则适足以长傲、饰非、助恶，归于杀身而败名。不然，即用于无益事。小若了了，稍长，锋颖消亡，一事无成，终归废物而已。（〔清〕魏禧《给继子魏世侃家书》）

今译

聪明如果不用在正道上，反而助长其骄傲、掩饰错误、做坏事，最终身败名裂。不然就是小时候聪明，随着年岁稍长，聪明敏捷渐渐消失，一事无成，最终成为废物。

品德、胸怀与见识

德随量进，量由识长。

做一个受人尊敬的、有道德的人，是文明社会的人生目标。当温饱问题解决之后，公平正义的法治社会，让每一位公民都能够安居乐业，过上有品质的生活，就成为下一个努力的方向。一个理想的社会应该是政治清明、制度优越、法律健全的时代；一定是一个民族融和、文化多元的社会，人们的个性可以得到自由发挥，从而激发出巨大的创造热情，充满朝气，蓬勃向上，人们活得充实，活得舒心。所以，坚实的物质条件必定要能提升到文化的层面，艺术地享受生活。

构建这样的和谐社会，需要每一位公民道德素养有很大的提高。如何提高人的品德呢？

首先，要有广阔的视野和胸怀，富于仁爱与宽容之心。视野狭窄，胸怀就难以拓展。汉朝时，西南有个夜郎国，就在今日贵州桐梓县。汉朝派遣使者到那里，夜郎国王完全不了解外面的情况，便问汉使道："我夜郎国和汉朝哪个大呢？"

汉使回来一说，大家笑破肚皮，于是“夜郎自大”成为千年笑谈。仔细一想，夜郎国王的问题其实很正常。视野窄了，胸怀能宽到哪里呢？胸怀不宽广，如何兼收并蓄、海纳百川呢？放眼世界，拓展胸怀，知沧海之大，人类几千年文明积累之深厚，就会感到自己知识的不足，就会为自己曾经无知的骄狂而汗颜。补阙而勤学，知耻而后勇，浅薄、轻浮之气渐消，厚重、踏实之风日增，品德自然大大提升。

开拓视野，增长见识。这里说的“识”，包含两个方面，一是通过书本的学习而增长学识，这是现代社会取得知识的主要源头。书籍是几千年文明的结晶，是人类进步的阶梯，它引导着我们向上、向善。二是在社会与生产实践中获得知识，这是另外一个重要的来源，丝毫不能轻视。书本知识没有付诸实践，不可能真正掌握；实践经验没有经过理论的总结，不能得到提升。书本和实践的知识，二者不可偏废。中国人常说要“见多识广”，如果把“见”理解为“实践”，把“识”理解为学识，那么，多读书，勤实践，便是取得真正知识的根本途径。

见识广，心胸随之开阔，品德自然提高。每一个人都努力把自己磨炼成为人才，整个社会品质就会得到很大的提高，美好和谐的社会就能够实现。

原文

德随量进，量由识长，故欲厚其德，不可不弘其量。欲弘其量，不可不大其识。（〔明〕洪应明《菜根谭》）

今译

人的品德随着胸怀而提升，胸怀因见识而扩大，所以，想要提升品德，就不能不扩大胸怀，要扩大胸怀就不能不增长见识。

品德重于才能

德者才之主，才者德之奴。

我们用人，希望德才兼备。由此可知，德与才是两个概念。在魏晋时代，曾经对德才背离问题发生激烈的争论。

曹操大概是最先提倡有才无德的统治者。他要篡夺汉朝，急于建立自己的干部队伍，曾经下过三道求贤令，公开提出品德有缺失但有才干的人，是重点提拔的对象。他列出汉朝谋臣陈平，年轻时与嫂嫂私通，收受贿赂；战国名将吴起，为了让鲁君相信自己不惜杀妻，母亲去世也不回去探视，等等。古人十分看重德义，作为统治者公然提倡重用不仁不义之人，耸人听闻，影响深远。曹操建立的魏国，最后被臣下司马懿篡夺的时候，有才无德的众臣见风使舵，纷纷倒向司马氏，甚至残害魏帝，急功近利的曹氏自食恶果。

此后，关于德与才孰轻孰重、何者为先的争论就一直不断。宋朝政治家、史学家司马光在评论历史人物的时候，发表了一段堪称经典的议论，他说道：聪明刚毅明察秋毫者称作才，正直公正、持平和善者称作德。德为才之帅，才为德之辅，德与才不同。但是，世人不能明辨，通称二者为贤，所以对人就容易失察了。德和才的关系，譬如云梦的竹子，是天下最刚硬的。然而，如果不搓揉，不刮削，就难以刺入坚物。棠溪的金属最锋利，可是，如果不熔铸，不砥砺，就不能削铁。所以，材质与制作相辅相成。就人而言，德才兼备的称作圣人，无德无才的叫作愚人，德超过才的称作君子，才胜于德的叫作小人。用人之际，如果找不到圣人和君子，那么，宁肯用愚人，也不要小人。为什么呢？因为君子有才而行善，小人有才则作恶，以才行善者，善无所不至；以才做恶者，恶也无所不至。至于愚人，即使想做坏事也因为智力不足，力不从心，就像吃奶的狗与人斗，人可以轻而易举地制服它。小人有智，足以让奸计得逞，有勇，足以施暴，如虎添翼，祸害极广。有德的人，刚正严谨，大家对他尊敬却不容易亲近。有才的人聪明可爱，容易亲近。一个与人疏远，一个与人亲近，选拔人的时候，很容易被有才的人所蒙蔽，而遗落有德之人。自古以来，乱国之臣，败家之子，才有余而德不足，大多祸国殃民，自己也身败名裂。

司马光认为用人首选圣人、君子，也就是德才兼备或者德高于才者，实在找不到这样的人，他宁可使用无德无才的人。因为历史上祸国殃民为害惨烈的都是狡猾有才的小人，教训太深刻了，所以，如果把国家或者家族比作一条船的话，他宁可船不动,也不要把船搞沉,大家都没有生路。

然而,一个国家,一个单位充斥蠢才,显然也是不行的。怎么办呢?

西方政治学的一个基石,就是建立在人性恶的理论上,首先怀疑每一个掌权的人都有可能以权谋私作恶,因此,就要从各个角度思考如何堵住作恶的途径,从而出现关于权利与义务的对应、对权力的种种制约,目的就是让掌权者难以作恶。中国儒家的政治理论则建立在人性善的理论上,希望通过选拔好人以及官员自律来使得权力不被滥用,对于权力的刚性制约远远不足,所以每个王朝无不被大批的贪官污吏蛀空搞垮。看来,寄希望于人的自觉与自律,或者偏激地任用无能者,不如在制度设计上多下功夫,通过对权力的监督制约来保证其良性运作。

原文

德者才之主,才者德之奴。有才无德,如家无主而奴用事矣,几何不魍魉而猖狂。(〔明〕洪应明《菜根谭》)

今译

德是才的主人,才是德的奴仆。有才而无德,就像是家庭没有主人,奴仆管事,怎不妖魔乱舞而猖狂呢?

志气和智慧

有志方有智，有智方有志。

我们都希望孩子成才，可是，要如何培养孩子呢？现在的父母，大多从启发智慧入手。中国古人说人生有四大休养：琴、棋、书、画。所以，父母也就带着孩子四处投师学艺；听说未来是信息社会，便给孩子买电脑；说是出国留学有出息，从咿呀学语时起就给孩子教授英语……

然而父母的一番心血，往往招来孩子不耐其烦，产生逆反心理，而且，长大后果真才艺出众者寥寥无几。因为这种教育方法违反了教育的宗旨和规律，常常是徒劳一场。

那么，要如何教育孩子呢？元代著名的戏曲家汤显祖给他的儿子写过一首《智志咏》的诗，提出一个重要的原则，就是要鼓励孩子立志，只有胸怀大志，才会激励他向着远大的目标迸发出心智。反过来，把聪明才智用到正确的地方，就会坚定自己树立的目标，奋发向上。

从小立志，要立大志，不能满足于眼前的小利，更不能斤斤计较于一点点物质需求，诸如找份好工作、多挣点钱等等。立志和最终实现人生目标有很大的差距，立下远大的目标，自我激励，结果可能只实现一大半。如果目标定得低了，最终就可能什么也做不到，所谓“取乎其上，得乎其中；取乎其中，得乎其下；取乎其下，则无所得矣”，说的就是这个道理。

孔子的学生曾子说：“士不可以不弘毅，任重而道远。仁以为己任，不亦重乎？死而后已，不亦远乎？”在儒家看来，以仁义济天下是作为“士”一生奋斗的目标。中国传统文化并不反对谋求钱财，只是强调要“取之有道”，也就是要来路正当。但是，仅仅把谋求钱财作为人生的目标，那未免太低了，因为钱财只是你为社会奉献时获得的报偿。所以，立志应该以事业为目标。哪怕不想做大事的人，也应该激励自己做一个高尚的人，有道德的人，有利于社会的人。

没有这样的抱负，难以激励自己为实现目标而发挥聪明才智。汤显祖说：怠惰的人，罕见能识大体；昏庸的人，没有创意。历史上成就事业的人，无不在年轻时候就胸怀大志，哪怕在困厄艰难的时候。依靠心中不屈的意志克服困难，走向辉煌。秦代的陈胜，年轻时当雇农，给人种田。有一天在田间休息时，陈胜叹息道：“咱们以后如果富贵了，大伙不要相忘。”伙伴们听了哈哈大笑，说我们能吃上饭就不错了，哪里敢指望什么富贵的日子。陈胜奋然说了一句流传千年的名言：“燕雀安知鸿鹄之志哉？”陈胜就是这样自我激励，后来领导了波澜壮阔的推翻秦朝的农民大起义。

人生要昂首挺胸，仰望天空，像大鹏一样展翅高飞，遨游四海，取得真正的自由。

原文

有志方有智，有智方有志。惰士鲜明体，昏人无出意。兼兹庶其立，缺之安所诣。珍重少年人，努力天下事。(〔明〕汤显祖《智志咏》)

今译

有志向才会有智慧，有智识才能立大志。怠惰的人罕见能识大体，昏庸的人没有创意。兼具志智的人应该能够成就一番事业，缺乏这两者的人前程茫然。珍重啊少年人，努力去做天下事业吧。

淡泊明志，宁静致远

非淡泊无以明志，非宁静无以致远。

一个人要立远大志向、成就一番事业，首先要从调适自己做起。常有人抱怨周围环境不好，或者是金钱物质条件不足，或者是不被重用等等。这些外部的因素，都不是我们个人所能改变的，抱怨也没有用，只会使自己意志消沉。一个人不被自己打倒，别人是打不倒你的，所以，首先要懂得战胜自己，增强自我，一个真正的人才是压不住的。

因此，对个人而言，最重要的是如何锻造自我。诸葛亮在给儿子的一封千古传诵的训诫中，提出非常简要的原则，那就是勤俭、宁静。诸葛亮是中国古代智慧的象征，也是美德的楷模，他在刘备屡遭挫折走投无路的时候，出来辅佐刘备，擘画三分天下，一生勤于公务，殚精竭虑，为国尽忠。他的生活十分清简，反对奢侈，也不谋私。他治理蜀国，法令比以前的统治者更严厉，但老百姓却信服他，因为他执法公正廉洁，诚如“民不畏我严，而畏我廉”所言。诸葛亮为什么能够做到“鞠躬尽瘁，死而后已”呢？他提出要淡泊。淡泊这句话人人挂在嘴边，用来劝说他人。其实，它不是用来要求别人，而是要求自己，要看淡功名利禄。

一个人要做大事，而不要出大名，功名都是虚的。或许现在社会越来越看重这些东西，以官职决定学术地位，以刊物级别衡量论文水平，用数量淹没质量。然而大家都知道，这种急功近利的价值评判体系被严重扭曲了，真实的情况往往正好相反。所以，不要被这些外在的功名蒙蔽眼光，捆住手脚，可能眼前你会吃点亏，但是，你遵从政治或者经济的规律做出利国利民的事情，按照学术的规律写出真正的传世之作，社会终究要承认你的。

现在许多的大学生，一入学就成天担忧毕业找不到工作，能找到工作的专业则担心工资不高，患得患失，被这些事情搞得心绪不宁，灰心丧气，选课就想着这门课有用没用，听学术讲演也要掂量有用没用，自己把自己关在一个十分狭窄的实用天地里，无法专心学习，视野和胸怀都变得狭小，人也变得自私，书读不好，该学的都没有学到。没有真才实学，到头来还真找不到工作。谁能预知几年以后的事情呢？与其把自己搞得灰溜溜的，不如努力学习；与其功利性地揣摩职业前景而选择专业，勉为其难，不如根据自己的爱好和知识结构选择适合自己的学科，只要你学业和才能出众，不论在哪个专业都一定能找到工作，而且还有挥洒的空间。市场是一只无形的手,比如大家都觉得学电脑前景好,一拥而上,结果人满为患,反而找不到工作。古代史专业,谁都不看好,但是,你一旦精通而成专学,就会有好职位等着你。

中国老话说:“人无远虑,必有近忧。”眼光就盯着找工作,真有点鼠目寸光的感觉。要从这里解脱出来,把学习定位在更宏大的目标。古人早已认识到对社会的贡献无非立德、立功、立言,要么做人格典范,要么为国家民族建立功勋,要么留下传世之作,学习就应该以此为目标。从鼻子底下的物质利益中解脱出来,眼光自然就看远了。2007 年 5 月,国务院总理温家宝在同济大学向师生们演讲时说道:“一个民族有一些关注星空的人,他们才有希望;一个民族只是关心脚下的事情,那是没有未来的。”

没有淡泊,就不会有远大;没有远大,就不可能凝神静思;不能宁静专注,就不会有大智慧产生;没有大智慧,也就难以站高望远。只有排除纷扰,把目光放长看远,眼前的事情也就随之豁然开朗。反过来,只有专注于长远的目标,才能不断排除眼前的各种困难或者诱惑。

就具体而言,我们不妨可以一试,如果你每天像坐禅一样凝神入定,排除一切念头,心中一片空明,一股静气油然而生,在空寂的世界里,平日的事情变得如此透明,看得如此透彻,有如神助。这时候,神思像灵泉一般涌出,人也会变得沉稳大气。《文心雕龙·神思》说:“寂然凝虑,思接千载;悄然动容，视通万里。”没有那股静气，是不可能“究天人之际，通古今之变”，“采菊东篱下，悠然见南山”。

所以，淡泊和宁静是修身的要诀，包含着品格和智慧的修炼。淡泊不是清教徒般的禁欲，而是看破世间万物之表象，挣脱束缚，飞向远大的目标。宁静不是要万籁俱寂，鸦雀无声，而是心中要有股静气，能够把持住自己，就像诸葛亮一样，在日理万机中始终心平如镜，在纷扰之中洞察全局和将来，才能如此淡定，如此从容，“不管风吹浪打，胜似闲庭信步”。

原文

夫君子之行，静以修身，俭以养德，非淡泊无以明志，非宁静无以致远。夫学，欲静也；才，欲学也。非学无以广才，非志无以成学。淫慢则不能励精，险躁则不能治性。年与时驰，意与日去，遂成枯落，多不接世，非守穷庐，将复何及！（〔三国〕诸葛亮《诫子书》）

今译

君子的操守，宁静以修身，勤俭以养德，不恬淡寡欲就不能明确志向，不清静专心就不能实现远大理想。对于学习而言，需要有静气；对于才干来说，需要多学习。不学习就无法增长才能，没有志向就不能笃学有成。散漫不能激励精进，偏激浮躁不能陶冶性情。年华随时光流逝，志向与日子消磨，最终枯萎凋零,大多于世无益,除了守着破落的家屋,还能做什么呢?

陶侃搬运砖头

吾方致力中原，过尔优逸，恐不堪事。

大家都知道陶侃是东晋中兴名将，但对于他的经历就不一定很清楚了。陶侃早年的经历相当坎坷，完全是靠着自己不懈的努力才获得成功的。他出身贫寒，原籍鄱阳，后迁居庐江郡寻阳县，也就是今天的江西九江市。西晋王朝在中原崩溃，北方大族纷纷南逃，在南方建立起由北方士族大姓支持的东晋政权，政治上士族门阀政治进一步加强，贫寒出身的人不但难以出头，而且还被官场看不起而遭到排挤。

陶侃居住的地方，是盘瓠蛮即溪族杂居之处，陶侃本来出身就低微，再加上来自溪族之地，自己长得又不像汉族，所以更加遭人鄙视。陶侃早年丧父，和母亲湛氏相依为命。湛氏是位坚强的女性，在严酷的生活处境中，她不但咬紧牙根支撑家庭，含辛茹苦培养子女，而且要求儿子一定要刻苦耐劳，自强不息。受母亲的影响，陶侃并没有贫寒子弟常有的自卑，为人开朗坦诚，结交许多朋友。有一次，鄱阳郡孝廉范逵经过此地，陶侃家里穷得拿不出东西招待客人，湛氏便剪下自己蓄留多年的青丝卖钱，让范逵畅饮而去。范逵深受感动，向庐江太守张夔赞美陶侃的才学品格，陶侃因此获得任用，当上县令。在任上，陶侃兢兢业业，把一方治理得很好，获得提升，到州里任辅佐官。以当时官场对于家庭出身的严格要求来看，陶侃对此官职大概可以满足了，再提升的前景渺茫，一般就此老于吏职。但是，陶侃的为人意外地帮助他突破了寒士当官的界限。

陶侃做人讲义气，重感情，知恩必报。张夔的知遇，让陶侃感激不已。他升任州职之后，并不像许多人那样用势利眼寻觅夤缘攀升的机会，而是踏踏实实做事，用真情去回报张夔。有一次，张夔的夫人病重，要到几百里外去请名医诊治，外面飘着鹅毛大雪，僚属个个面有难色，相互推托，唯有陶侃二话没说，踏雪而去，大家无不被他的为人所折服，张夔也很感动，大力保举他为孝廉，使他得以进入首都洛阳，突破身份限制的第一道界线。

到洛阳之后不久，爆发了西晋统治集团内部毫无道义的权力争夺战“八王之乱”，特别是西晋那些觊觎中枢权位的宗室诸王勾结外族助战，结果造成胡族对华北汉族的大屠杀，西晋政权倾覆，生灵涂炭。西晋宗室中的一支司马睿在江南重新建立政权，史称东晋。这个政权是以北方各支士族为主，吸收部分南方大姓建立的，内部矛盾重重，北方士族之间争权夺利，不时爆发内乱；而且，由于北方士族对江南大姓的排挤，也促使南方大姓起而反抗。所以，东晋政权经常处于风雨飘摇之中。

八王乱起，陶侃眼看仕进无望，便回到南方。荆州刺史刘弘起用他帮助平定张昌领导的民变，这给了陶侃发挥才干的机会，故他踊跃响应，率军进驻襄阳，在刘弘亲自率领的大部队被张昌打败的不利形势下，连连发起进攻，数战数捷，平定了张昌。这一仗让陶侃声名鹊起，刘弘更是把陶侃视为自己的最佳接班人。后来，广陵陈敏见朝廷无力，起兵作乱，占据扬州。陶侃再次率部出战，平定陈敏。以后，陶侃还平定了荆、湘地区的杜弢，当上荆州刺史。以后，他又进军岭南，平定杜弢余众，任广州刺史。

广州远离政治中心，受战乱影响较小，境内比较安定。陶侃此时已经是威名远扬的中兴功臣，可以坐享名禄。但是，他一刻也没有放松自己，在广州他每天早上搬运一百块大砖到屋外，傍晚再搬回屋内。旁人不知其故，无不诧异，问其缘故，他回答道："我正有志于光复中原，前些日子太优逸了，我担心不堪重任。"陶侃就是因为自强不息而一再突破官场和社会对于寒人的限制与歧视，建功立业的。

不论在战乱或者安逸的时候，陶侃都时刻想着天下大事，忧国忧民。在东晋浮夸玄谈的士族官场，他指斥浮华放荡，亲自处理政务，严格要求部属勤于公务，禁止酗酒赌博，发展生产，关心民间疾苦，颇得民心。他希望国家强大，收复中原。在戍守荆州时，他分别派遣部将经略巴东，从胡族手中夺回襄阳，积极谋划北伐，最后因为年事已高，身患重病而作罢。然而，他不居功自傲依然积极进取的精神，难能可贵。

晚年的陶侃还以自己的余力，为朝廷作最后一搏，出兵粉碎攻入首都建康挟持皇帝的苏峻，让东晋再次转危为安。而他也因为赫赫功绩而位极人臣，掌握东晋半壁江山。晚年的陶侃，想着的是国家的安定，他不愿意再看到东晋反复上演的功臣拥兵自重，甚至问鼎谋篡的闹剧重演，所以，亲作表率，上表退位，派人把官印节传等奉还朝廷，封存府库，将军资器仗、牛马舟车等公物全都登录账簿，乘船归田，不幸病死在途中。他的事迹，“朝野以为美谈”。

陶侃的一生，是自强不息的一生。历代家训经常提到他，就是希望自家子女能够以他为榜样，不管遇到多少艰难险阻、挫折委屈，都不要气馁，坚韧不拔，只要坚持到底，就一定能取得成功。

原文

（陶）侃在州无事，辄朝运百甓于斋外，暮运于斋内。人问其故，答曰：“吾方致力

今译

陶侃在州里没有什么事情，每天早晨搬运一百块大砖到屋外，傍晚再搬回屋内。

中原，过尔优逸，恐不堪事。”其励志勤力，皆此类也。（《晋书·陶侃传》）

旁人问他这是为什么，他回答道：“我正有志于光复中原，前些日子太优逸了，我担心不堪重任。”他就是如此激励和锻炼自己。

临事以敬

观其敬与不敬，则一生之事，概可见矣。

看一个人做事能不能成功，首先就看他对待事情的态度。为什么这么说呢？因为办事的态度在很大程度上决定其成败。明朝人何伦说过，看子弟读书是否有成，先看他是否怀有敬意。虽然他说的是读书，但实际上办任何事情都是如此。

在这里，何伦提出读书要有"敬"意。"敬"就是一种恭敬虔诚的态度。古人读书规矩甚多，学堂的学生读书，要先向孔子行礼，摆正书本，再恭恭敬敬朗朗诵读；一般人读书，也要焚香洗手，窗明几净，端坐捧读。为什么要这样做呢，因为首先要有恭敬之心，书才能读进去。做事情也一样，虔敬对待，才会小心谨慎，把事情处理好。态度马马虎虎，乃至玩世不恭者，谁都不敢把事情交给他办。

做人的道理也同样，接人待物以敬，从尊敬对方、礼貌待人中，首先洗脱的是自己身上的傲气，正如古人所说的"谦受益，满招损”。特别是个别读了点书，甚至写了点东西或者做成一点事的人，不知不觉中滋长许多傲慢，自高自大，目空一切。充其量只是在晚近的故纸堆里翻出几本中小学课本，找几条日记逸闻，摞在一起，就成为论文，自以为填补了什么空白，再有个低级职务，便作威作福，吆喝斗狠，通过整人来树立淫威，排斥比自己高明的同事，正所谓“武大郎开店”。这种没有教养的人，同事关系一塌糊涂，一生没有朋友，只能靠谋求权力过日子，什么也学不懂，努力一辈子，水平总不见长，关键的原因就在于心灵被傲慢戾气遮蔽了。

做人与其成日居高临下俯视一切，不如学会高山仰止。见到学有成就的学者，事业有成的人物，以及历史长河里过往之人，我以为应该怀着谦敬之心多多领悟他们，学习他们。见贤思齐和见贤妒嫉是有无教养的根本区别，也是自己能否取得进步的关键点。

有一位外国学者，考察中国人的就业情况，发现中国人对于找工作，首先看中的是金钱报酬，只要薪水高的地方，就不掂量自己是否合适，蜂拥而至，轻易跳槽。而在许多发达国家，人们更加重视的是这份工作是否对自己合适，比起工资来，更加看重能否发挥自己的才干，从而获得施展的空间，做出一番事业来。这种以薪资为本的就业现象，反映的是敬业心的不足。随着我国的发展进步，国民生活富庶程度的提高，我们应该更加重视个人道德素养的提高，这一切应该从敬业做起。

原文

欲知子弟读书之成否，不必观其气质，亦不必观其才华，先要观其敬与不敬，则一生之事，概可见矣。（〔明〕何伦《何氏家规》）

今译

要想知道子弟读书有成与否，不必看他的气质，也不必看他的才华，只要先要看他是否抱有敬意，就大致可以预见其一生的前程。

处世以诚

万事须以一诚字立脚跟，即事不败。未有不诚能成事者。

人是依靠社会而存在的，因此，首先是要与人相处，与人办事。既然是相互之间的关系，就需要有一个大家都能接受的行为准则，受到大家肯定的，成为应该共同遵守的道德。在人世上，与人融洽相处，最重要是要讲一个“诚”字。“诚”乃诚实、诚恳、诚信。

诚实是做人之本，满口谎言，或者言而无信，或许可以一时投机取巧，占到便宜，但是付出的是人格破产的代价。或许有人说，反正我对人都是一次性利用，赚到一次算一次。这是因为我们的社会诚信制度尚未建立，故有许多空子可钻。即便如此，谁能保证江湖上没有比你手段更高的人，故古人常说：“恶人自有恶人磨”。

待人诚实，自然会流露出诚恳的态度。有些人特别有人缘，很容易和别人打交道，朋友众多，一个重要的原因，就是他与人交往很诚恳，用自己的真诚打动对方，赢得别人的信赖，愿意和他说真心话。

有许多事情，是否诚实，只有当事人才知道。我曾经为了说明隋朝地方制度的改革，把隋朝数以千计的州郡县作了全面的统计，其实只为了写几句话而已。统计得头昏脑胀，稿纸逾尺，这时候，如果我随便一点，少统计几个县，谁能知道呢？确实没人能够知道，但是，自己知道。所以，诚实首先就要能够面对自己，你能够在与天地神灵对面的时候，扪心自问我诚实吗？这件事让我更加深刻地领会到中国古人所强调的"慎独"，当自己一个人独处的时候，千万不要以为人不知鬼不觉而可以造假做坏事，这时候更是对一个人品格的考验，一定要谨慎。天地神灵，首先就是你自己，能够诚实地面对自己，就能够面对天地。

诚实而诚恳，人与人的关系便有了诚信的基础，这是最为牢靠的。只有相互信任的朋友，友谊才会天长地久。从大的方面看，治理国家，发展经济，也都以诚信为本。战国时代，商鞅在秦国推行改革。秦国原是落后国家，政治反复无常，老百姓不敢相信政府。商鞅要让老百姓有信心，就教人在城南竖起一根三丈高的木头，宣布有人能把这根木头扛到北门者，赏金十两。百姓围着看热闹，谁都不敢相信这么容易的事情会有如此厚赏，不知道官府又在变什么把戏。于是，商鞅宣布提高赏金至五十两，大家更不敢相信了，议论纷纷。这时,从人群中跑出一个人来,说:“让我试试。”他扛起木头径直搬到北门,商鞅立刻赏他五十两闪闪发亮的金子。这件事情轰动了秦国,老百姓终于相信商鞅说话算数,跟着他进行改革,把落后的秦国变成首屈一指的强国。

治理国家要取信于民,发展经济同样要讲诚信。中国古代商人崇拜的商神是关云长。大家都知道,关羽和刘备是结拜兄弟,后来因为兵败而投降曹操,他与曹操约定,只要得到刘备的消息,就将归去。后来,他获得刘备尚在人间的消息,便辞别曹操,千里走单骑,回到刘备身边。关羽重然诺、讲信誉的事迹,成为中国人做人的楷模,特别是商人千里行商,出门靠的是朋友,重的就是信用,所以,他们把关云长尊为商神。

其实,世界各国的商业都重视诚信。市场经济并不是不择手段地赢取利润,而是建立在信用基础上的法制经济。发达国家的金融,构成其核心的银行完全是依靠信用而存在的。银行并不怕亏损,就怕失去信用,一旦失去信用而遭挤兑,再大的银行也顷刻瓦解。在美国,有严格的个人信用制度,人们日常并不多用现钞,而使用银行卡付款。我有一位朋友带着大把钞票到美国使用,结果是经常感受到周围人投来的怀疑眼光,因为在美国一般是没有信用而不能使用银行卡的人,才使用大面额的现钞。

原文

万事须以一诚字立脚跟，即事不败。未有不诚能成事者。虚伪诡诈，机谋行径，我非不能，实不为也。（〔明〕王汝梅《王氏家训》）

今译

万事都必须以“诚”字立足，就可立于不败之地。没见到不诚的人能够成事的。虚伪诡诈，权谋手段，我不是不会使，而是不使。

巧伪不如拙诚

巧伪不如拙诚。

一个人在顺境的时候,最容易将自己的本性显露出来。有的人谦和诚实是其本色,有的人谦和诚实则是为捞取更大利益所作的铺垫,故在未发达前,为人低调,做些好事,博取众人的好感。然而,一旦得志,取得一官半职,或者发财暴富之后,就把以前的伪装都抛到九霄云外,仿佛换了个人似的。过去建立起来的清白声誉,变成捞取利益的迷彩,巧取豪夺,贪污受贿,不再讲信用守然诺。这种人以往的善行,可以称作伪善。

历史上,被视为典型的伪善例子,要数西汉末期的王莽。

王莽是汉元帝皇后王政君的侄儿,王家是当时著名的大族。王莽小心伺候伯父大司马王凤,博得他的欢心,临终交待王政君照顾王莽。王莽当官之后,经常把自己的俸禄分给手下,甚至卖掉自己的马车救济穷人。他儿子杀死家奴,王莽逼迫儿子自杀,大义灭亲,轰动社会,博得世人敬仰。西汉后期，官僚腐败，大量侵占民田，加上灾害频仍，经济凋敝，民不聊生。这时候突然出现身居高位的王莽如此关爱百姓，一时被民众视为救星。而且，王莽很会制造舆论，他大力延揽人才，宣扬礼教，鼓吹改革，赢得大批儒生的拥护，为他宣传造势。

汉哀帝死后，王政君实际掌握权柄，任命王莽为大司马。王莽大权在握，立汉平帝，得到朝野的拥戴，受封为"安汉公"。他一连推辞三次，大受时人赞誉。他也顺势把俸禄转赠两万多人，还把自己的封地和钱财分发给穷人，顿时颂声四起。在盛大的舆论支持下，王莽嫁女儿为皇后，自己当上宰衡，加九锡，地位仅次于皇帝，篡夺汉朝的趋势遂逐渐显现出来。只是得他好处的众人还看不出，仍然大力为他歌功颂德，毕竟王莽比其他王公贵族平易近人，清廉得难以想象。

不久，王莽下毒，害死汉平帝，立两岁的孺子刘婴为皇太子，自己借太皇太后之命当起"假皇帝"。在他暗中鼓动下，不断有大批儒生、百姓劝进，请求他当真皇帝，王莽终于勉为其难，不得已接受还不懂事的孺子刘婴的禅让，登基称帝，改国号为"新"，完成了篡夺汉朝的大业。

王莽上台后，推行一系列脱离实际的政策，他宣布土地国有，实行复古色彩甚浓的西周的"井田"制度，实行大额货币，国家控制物资平抑物价等等，而这一切除了扼杀民营经济之外，更因为用贪官污吏来进行改革，结果等于大规模把民间资财转变为所谓的“国有”，落入如狼似虎的各级官吏的腰包，很快就搞得国政衰靡，以致很快便爆发了空前规模的农民大起义，新朝被推翻。这时，人们回头一看，原来王莽以前所有的谦恭亲民都是为篡夺汉朝而作的表演，故他被后人视为伪善的典型例子。唐代著名诗人白居易感慨道：

朝真暮伪何人辨，古往今来底事无。
但爱臧生能诈圣，可知宁子解佯愚。
草萤有耀终非火，荷露虽团岂是珠。
不取燔柴兼照乘，可怜光彩亦何殊。

赠君一法决狐疑，不用钻龟与祝蓍。
试玉要烧三日满，辨材须待七年期。
周公恐惧流言后，王莽谦恭未篡时。
向使当初身便死，一生真伪复谁知。

世事真伪难辨，白居易告诫人们，萤火虫不是真正的火焰，不要被表象蒙蔽双眼。区分真伪最好的办法，就是不要看一时一事，而要长期考察，如果王莽来不及篡位就死了，人们恐怕就要把他当作大圣人。所以，发迹以后的表现，更能显现其真实面目。《颜氏家训》则告诉人们，对于人和事要仔细观察，奸巧不会完全无迹可寻的，所以，颜之推讲了一个他亲眼目睹的事例。

有一位贵人，以孝顺著称，前后居丧期间，都哀痛超乎常人，行为远过礼制规定，伤心得让人看了都不忍。他用巴豆涂在脸上,让脸上生出疮来,好像是哭出来的。可惜他百密一疏,身边伺候的童仆把他作假的事儿传了出去,所有的人再也不相信他了。

一件事作假,一百件诚实的事都不被相信。虚伪比赤裸裸地做坏事更让人鄙视和痛恨。

原文

人之虚实真伪在乎心,无不见乎迹,但察之未熟耳。一为察之所鉴,巧伪不如拙诚,承之以羞大矣。……以一伪丧百诚者,乃贪名不已故也。([隋]颜之推《颜氏家训》)

今译

人的虚实真伪,藏于内心,但一定会从其行迹中流露出来,只是我们观察得不够细致周详而已。一旦被察觉鉴别出来,讨巧的伪善还不如老老实实的真诚,取巧的人蒙受的羞辱就大了。……因为一件虚伪的事情而让人对其百件诚实的事情都起疑心,那是不知足地贪图名声的缘故。

行善作恶，无分大小

勿以恶小而为之，勿以善小而不为。

凡是涉及是非善恶的事情，没有大小之分。切勿因为坏事小，就以为没有关系而做。因为一个人变坏不是突然而至，乃日积月累而成。

有一位官员，小时候经常爬墙，偷摘邻居的水果。被邻居发现告状，其父母认为只是小孩子顽皮，没有什么大不了的事，反而怪邻居小题大做，闹得很不愉快。父母亲没有想到这事虽小，却养成小孩贪小便宜和侵占别人东西的心理。后来，孩子渐渐长大，上山下乡，他嫌农活太累，经常借故不出工，在家打坏主意偷农民的鸡犬，先在灶上烧一大铁锅开水，再在院子里撒点谷子，引诱农民的鸡到厨房前啄食，他快如电闪，抓住一只鸡直接投入沸水中，马上盖上锅盖，一点声响都没有，就有了一顿美食。有时拿大号鱼钩钓上一块肉，一头绑着透明的尼龙线，投给狗吃，狗吃了就被钩住喉咙，他牵着线回家，农民远远看去，只见一条狗温顺地跟在后面跑。

狗一拉回家，又成了他的盘中餐。下乡几年，学了不少偷窃的手段。再后来，他当上了小官，利用手中的职权，贪污受贿，欺压百姓，最后自然是进了牢房。

这样的例子很多，所以，自古以来教育孩子都十分强调从小不要有贪小便宜的念头，对于坏事千万注意防微杜渐。

做好事正好相反，从小就要培养孩子大方，有东西舍得分给别人，懂得关心和帮助他人。行善也有一个渐进的过程，一开始就捐出许多财产去帮助别人，恐怕不是一般人能够做到的。但是，从小事做起，看到有困难的人，主动帮忙，逐渐成为一种习惯，助人的力度慢慢增大，自己的眼界也随之开阔起来，心里装的不只是自己、家人，还有越来越多的人被容纳进来，善事就越做越大，越做越经常，自己也越来越开心。

所以，不管事情大小，不要放弃任何一个帮助别人的机会，这是一个社会文明的表现。我在国外旅行的时候，路途不熟，经常边走边查阅地图，这时就会有人主动走上来问："有什么需要帮忙的吗?"处在一个互相礼让、互相帮助的社会，每个人都会感到非常的温馨，大家心情舒畅，日子自然过得幸福。

原文

勿以恶小而为之，勿以善小而不为。惟贤惟德，能服于人。（〔三国〕刘备遗嘱，收于《全三国文》）

今译

不要因为坏事小而去做，也不要因为善事小而不做。只有贤能和品德能够服人。

助人莫求回报

仇因恩立，故使人知恩，不若恩仇之俱泯。

常常听到人说好心没好报，更有甚者，是恩将仇报。有个三流演员，当年在上海滩闹了许多绯闻，可怜兮兮，同行艺人同情她，有的收留她，有的给她钱物，还有一位热心的阿姨照顾她的生活，大家给了她许多帮助。后来，这位演员飞黄腾达，权势熏天，但是，早年的经历是她的一块心病。所以，她利用手中的权力，把当年帮过她的人都找出来，投入监狱。从心理上分析，有些人，由于出身低微，或者早年有过恶行，便产生严重的自卑感。到后来发达了，自卑感并没有克服，而是以逆反的优越感表现出来，并且要想方设法抹去过去的历史，所以出现恩将仇报的现象。

明白这种心理，就能明白为什么帮助别人，人家不感激，或者当时感谢，后来变成一股怨气，甚至仇恨。因为，由于你的帮助，当时让他摆脱了困境，但是，他过后觉得在你面前抬不起头来，更加重了他的自卑，怨气就生出来了，甚至由怨生恨。特别是你在受助人面前表现出你的优越，这种可能性就更大了。

所以，你如果真心实意要帮助别人，就一定不要有希望受助人回报的念头，哪怕希望他对你客气。做完好事，就把它忘了，当作没有发生过这件事，助人者、受助者，又重新回到原点，无恩无怨，平等相处。

进一步说，帮助别人的时候确实不应该有回报的期望，否则做好事就像是交易，期望越多，自己负担也就越重，失望也会越大。更严格地说，要求回报的助人算不上是做好事。

相传古代有名的达摩祖师到江南，会见笃信佛教的梁武帝。梁武帝建立梁朝，在江南广修佛寺，塑造佛像，抄写经文，剃度僧人，闻名遐迩。所以，梁武帝见达摩的时候，颇有自得之意，问达摩道："我在江南修建四百八十座寺院，度僧数十万，有功德否？"没想到达摩摇摇头，答道："没有功德。"做好事以为自负的资本，期求回报，反而成为累赘，成为执著。作为行善的一方，施与就是回报，因为你获得了解脱。忘记自己做过的好事吧，一切如常，"回首向来萧瑟处，归去，也无风雨也无晴"。

原文

怨因德彰，故使人德我，不若德怨之两忘。仇因恩立，故使人知恩，不若恩仇之俱泯。（〔明〕洪应明《菜根谭》）

今译

怨望由于恩德而彰显，所以，与其让人对我感恩戴德，不如让恩德和怨望两相忘却。仇恨由于恩情而种下，所以，与其让人对我知恩图报，不如让恩情与仇恨都泯灭无痕。

怀着感激过好日子

受人之恩，虽深不报，怨则浅亦报之，宜切戒之。

助人一方要忘记自己所做善事，可是，作为受助一方却应该铭记所有给与自己帮助的人。

知恩不报，甚至恩将仇报，是我国传统道德所不齿的。明朝人洪应明在有名的训诫之著《菜根谭》里提到一种人，得人恩惠，再深也不报答，与人有怨，睚眦必报；听到别人的坏话，高兴得不得了，再离谱都愿意相信，巴不得别人遭灾；听到别人的好事，绝不肯相信，哪怕是轻易做到的好事，也不相信。这种人在现实中并不是不存在的，其心理足够阴暗，为人刻薄至极。

其实，这种人活得很痛苦，人格很猥琐，处境很可怜。因为他成天都想着别人的坏，仿佛天下人都欠他的债，唯恐天下不乱，诅咒别人都遭灾，天地都是黑漆漆的，没有光明，没有出路，自己被嫉妒之火烧烤得死去活来。有这种心理的人得尽早去看心理医生，从炼狱中解脱出来。

人生不长，心情不同，生活就完全不同。与其在自己狭隘的心胸里坐困愁城，不如换一种心境过日子，那就是对世人、对大自然、对山川万物都怀着一种感激之情过日子。有报恩之心，看什么都是美好的，世人劳动养活了我，山川秀美哺育了我，树木含情，日月含笑，你会感到天底下的人有多么美，对自己多么好，你就恨不得融入他们中间，愿意把自己的东西都奉献出去，与人共享这美好的世界，你的每一天自然就过得心情舒畅。

有一位出租车司机，每个工作日要开十几小时的车，辛苦得不得了。而且，还经常在路上遇到开车横冲直撞的人，只能是有礼让无礼。许多司机都抱怨连连，心情不好，车也就开得不顺。然而，日子还得过下去，更觉得人生苦呀。可是，这位司机却每天乐呵呵的，仿佛自己是乘客似的，享受快乐。为什么他就这样开心呢？原来他把每一位乘客都看成邀请人，邀请他到这里那里参观，去看天看海，看摩登大世界，探索许多他从来没去过的大街小巷，让他发现原来还有如此地方，意外发现。不但白看了，而且还能得到一笔车资的报偿，简直像是白捡一般，怎不开心呢？他一开心，就给客人指路导游，把快乐传递给客人，大家都争着要他的车，日子过得红红火火。

原文

受人之恩，虽深不报，怨则浅亦报之；闻人之恶，虽隐不疑，善则浅亦疑之，此刻之极，薄之尤也，宜切戒之。（〔明〕洪应明《菜根谭》）

今译

受到别人的恩惠，再深也不报答，有怨则再浅也要报复；听说他人的坏话，再离奇也相信，至于好话，则再明显也怀疑，这种人极端刻薄，一定要小心。

皇帝临终前的忏悔

> 洎践祚以来，时方省书，乃使人知作者之意，追思昔所行，多不是。

刘邦是汉朝的开国皇帝。开国君臣，没有一个是简单的人物，刘邦当然非同一般。只是他出身低微，原是个乡间游手好闲的人，不好好种田，更不会去读书。正好他生在秦始皇统治时代。秦始皇建立了中国第一个独裁专制王朝。对于专制独裁者来说，需要的是部下乃至老百姓的盲从，害怕的是大家读书。因为读书会使人明白道理，变得聪明，就不容易被蒙骗。所以，秦始皇对敢于坚持政治原则讲真话的人，举起屠刀，制造了震惊千古的“焚书坑儒”血案，杀了好几百个儒生。要知道当时全国识字的人并不多，所以，这几百个儒生几乎是全国文化的精英。更恶毒的是，秦始皇还下令在全国烧书。他最希望的就是把老百姓烧成文盲。而且，秦朝还煽动仇恨文化的情绪，鼓吹文化虚无主义。在这种气氛下成人的刘邦，本来就是个好吃懒做的人，又不要读书，成天不务正业，专门结交一群乡间壮汉，喝酒赌斗，俨然一方霸王。

秦朝暴政，天怒人怨，秦始皇一死，天下百姓揭竿而起，纷纷反抗。已经当上亭长管理乡间治安的刘邦，看到秦朝大势已去，也率领乡间伙伴竖起反旗，攻下几座城池。随后，他的队伍汇入陈胜、吴广领导的大起义洪流之中。陈胜、吴广失败后，南方的起义军也遭到挫折，义军重要领导人项籍战死，刘邦和项羽这两位年轻将领挑起了大梁。

战争年代，一切都是凭武力说话，而刘邦和项羽又都讨厌读书，他们统帅的队伍，完全是一支支逞勇斗狠的勇武之师，项羽武艺高强，年轻气盛，重整义军，与秦军展开生死大决战。他让部队全线出击，一过河，就把船只和烧饭的锅盖全都凿烂，士兵没有退路，只能奋勇向前，拼死向秦军发起冲击，竟然把屡屡战胜义军的秦军主力给冲垮了。秦军全线崩溃，最后投降项羽。项羽从此威名远扬，被推举为反秦军统帅，浩浩荡荡杀向秦朝首都。

刘邦倒是命好，他趁项羽与秦军主力决战之机，抄后路先冲入关中，占领了秦朝首都咸阳，动了称王的念头。这时，项羽的大军开到，刘邦不知如何是好。双方实力实在悬殊，刘邦只好屈尊地拱手让出关中，被项羽打发到偏辟闭塞的蜀国去。刘邦不甘愿，四处招降纳叛，收罗人才。正好项羽取得天下而骄傲日滋，怠慢有文化的将领和士人。于是，这些人就纷纷到刘邦那里去。当然少了文人的聒噪,项羽并不可惜。可是,就是这些看似文弱的人,竟然刨了项羽王国的根基。

韩信是个儒将,人长得文弱,年轻时爱读书,家贫吃不上饭,常忍饥挨饿在河边读书。河边洗衣服的妇女看他可怜,常常把自己的饭分一口给他吃,勉强维持生计,而韩信依然读书不辍。乡里无赖欺负他,要和他决斗,否则就得求饶,从人家的胯下爬过。韩信打不过人家,只好受胯下之辱。所以,韩信投奔刘邦,项羽根本不在意。可是,项羽错了,错得很惨,他付出了整个王国的代价。

韩信因为有文化,文韬武略,打起仗来神出鬼没,远非只懂得奋勇冲锋的项羽所能匹敌,短短两三年,韩信不但帮助刘邦从有项羽重兵把守的"难于上青天"的蜀道冲了出来,而且还声东击西,打下了大半个天下。最后在垓下与项羽决战。韩信能斗智,也能斗勇。他设下十面埋伏,把项羽紧紧包围起来,到晚上,韩信更发挥文化的威力,集中一大批乐手,吹楚调,唱楚歌,项羽手下主要是楚人,听曲思乡,竟趁夜逃走。到天明时,项羽就剩下身边的卫队了。最后落得个自刎乌江的下场。这真是给项羽上了一课,让他明白什么叫文化,那就是可以不战而屈人之兵。

给项羽上课,也是给刘邦上课。刘邦同样讨厌书生,出了蜀中之国,他竟带兵和项羽斗起阵来。趁项羽远征,他率三十万联军一举攻破项羽的都城，收取美女，筑高台畅饮欢歌。项羽闻讯，即率精兵三万驰救，不顾长途疲劳，早上一战，破刘邦十万大军，中午再战，再破十万，晚上就打入城内。刘邦诈降，从后门狼狈溜走，老婆孩子、父亲故旧都成了项羽的俘虏。

后来，刘邦又壮着胆子和项羽打了几仗，除了落荒而逃，胸口还吃了项羽一箭，差一点就呜呼哀哉。从此紧闭城门，随便项羽如何叫骂，就是不战。项羽派人给刘邦下战书，约刘邦单挑，不要让天下为了他们俩的恩怨而生灵涂炭。刘邦回答道："我只和你斗智，不和你斗勇。"刘邦不读书，凭什么和人家斗智呢？亏他才讲得出来。

不过，能讲得出斗智的话，说明刘邦还是有点长进，明白文化还是有用的。只是他蔑视文化的观念太深了。有一天，外间禀报有儒生求见。刘邦在洗脚，一听是儒生，就生气了，冲了出来，把儒生的帽子摘下来，当面往里面撒尿。儒生毫不动怒，淡淡地说了一句："如果你不想取得天下，就只管撒野好了。"刘邦本想侮辱儒生，没想到反而在人家的高雅清傲面前碰了壁，只好屈尊请教。结果儒生给他讲了一通古往今来取天下的道理，听得他茅塞顿开，感激得不得了，封儒生高官，待之以礼。儒生亲自到项羽的封国走了一圈，凭着三寸不烂之舌，招降了项羽不少兵马。再次让刘邦刮目相看：怎么文化有如此威力！

打败项羽之后，刘邦当上了皇帝。可是，与他同生死共患难的那班兄弟，依然像以前那样，在刘邦面前大呼小叫，喝酒骂娘，全然没有上下之分，让他皇帝当得一点都不神气，更不知道如何治理国家。这时候，刘邦更明白治国不同于打仗，完全离不开文化。他任命许多有识之士，为帝国制定各种制度，自己虽老，也硬着头皮开始读书。人只要醒悟了，不管什么时候学习都来得及。最怕的是不晓得醒悟，以为用武力打天下同样也可以用武力治天下，结果只能是造成空前的灾难，祸国殃民。

刘邦晚年读书学习，项羽留下的箭伤发作，死前回顾一生，给太子留下的遗嘱，不乏忏悔之意。他希望太子再不要像自己一样不学无术，而要刻苦读书，治国安民，那才是做人的根本哪。

对于一个国家来说，除非疯狂的专制主义者才会“焚书坑儒”，实行愚民政策，否则就应该大力弘扬文化，培养人才。近代中国遭受西方的欺凌，很重要的原因就是文化落后了，故支持改革的开明官员张之洞在《劝学篇序》里痛心疾首地说：“世运之明晦、人才之盛衰，其表在政，其里在学。”

原文

吾遭乱世，当秦禁学，自

今译

我遭遇乱世，当时秦朝

喜，谓读书无益。洎践祚以来，时方省书，乃使人知作者之意，追思昔所行，多不是。（〔西汉〕刘邦遗嘱，收于《全汉文》）

禁学，我窃窃自喜，以为读书无用。自从我登基以后，才不时翻翻书，这才明白作者著书的寓意，回想以前的所作所为，犯的错误太多了。

读书改变气质

唯读书则可变化气质。

这是曾国藩写的家训。曾国藩1811年出生于湖南省双峰县井字镇荷叶塘的一个地主家庭，祖辈务农。他作为家里的长子，自幼好学，二十八岁考中进士，因为成绩优异而得以留在京城，历任翰林院庶吉士，侍讲学士，文渊阁直阁事，内阁学士，礼部侍郎及署兵部、工部、刑部、吏部侍郎等职，官至二品。在京城，他"日以读书为业"，推崇程朱理学，立志澄清天下。1852年，他因为母亲去世而回乡，正好遇上太平天国的大规模反清运动，他在家乡组织地方团练，开始了长达十年的镇压太平天国的军事生涯，挽救了摇摇欲坠的清王朝。曾国藩的功过是非，这里不去讨论。他组织的湘军，带出了一大批近代军事人才。在使用洋枪洋炮作战的过程中，他亲身体会到西方工业技术的先进，主张积极向西方学习技术。曾国藩是对中国近代转型有着深远影响的人物。

曾国藩最重大的政治成就，是镇压太平天国的军功。然而,他的理想却是用儒家思想治理国家。所以,他非常强调读书,对于追随他的将领幕僚,他都积极鼓励他们读书,通过读书改变心性,陶冶情操,获得知识,吸取历史经验,学以致用,成为治理国家的栋梁。显然,他把读书作为改造自我、进而改造国家的重要途径。

读书让人获得知识,十分重要。但是,如果仅限于此,可以说并没有学会读书。读书一定要身体力行,孔子在《论语》开篇就说道:“学而时习之,不亦说(悦)乎?”现在许多人望文生义,解释为学习要经常复习,实在是差得太远了。“习”是现在的简体字,本字应为“習”,上半部的“羽”字,表明其本意源于小鸟学飞,引申为实践。所以,孔子说的“学而时习之”,是讲学习要经常付诸实践。

学习要实践,首先就要把书中关于做人的道理用在自己身上加以实践,而不是用来教训别人。只有自己身体力行,才能读懂书中精义,才能体会到读书的乐趣。随着读书日多、知识增加了,人的心智开启了,品格提升了,渐渐脱离低俗,成为一个睿智儒雅的高尚之人,何其快乐。

对于在社会上承担各种重要职务的人来说,读书就更加重要了。懂得古往今来成败兴衰的历史经验,就能够把握住今后发展的方向。所以,稍有学识的人都努力从历史中汲取智慧和经验,把历史视为人类智慧的宝库,把历史学视为未来学。

三国时代，孙吴有一员猛将叫做吕蒙，十五岁从军，作战十分勇猛，冲锋陷阵，身先士卒，威名赫赫。有一天，孙权对他说道："你现在已经担当重任了，应该读书，长点见识。"吕蒙推辞道："军中事务繁忙，没有时间读书。"孙权劝道："你再忙也忙不过我呀。"吕蒙再不言语。回去后，他抓紧时间，发奋读书。从尚武轻文到慢慢读出个中滋味，焚膏继晷，博览强识，竟然胜过许多儒生。孙吴名将周瑜去世后，鲁肃继任，前来拜访吕蒙。吕蒙问鲁肃道："将军面对的关羽，文韬武略非同一般，将军有什么准备吗？"鲁肃没有应对之策。于是，吕蒙为他筹划五道计策，结果让鲁肃心服口服，刮目相看，连声称赞："学识英博，不再是昔日的吴下阿蒙了。""士别三日，当刮目相看"的典故，说的就是这个故事。

鲁肃死后，吕蒙担当起守卫长江中游的重任，他对关羽示弱，造成关羽麻痹大意，集中主力大破曹军，生擒曹将于禁，威震中原。吕蒙则趁关羽兵胜意骄之机，奇袭荆州，设伏活捉了关羽，为孙吴夺得荆州，堵住了刘备自长江而下的出口，奠定了三国鼎立之势。吕蒙自然成为一代名将。

原文

人之气质，由于天生，本难改变，唯读书则可变化气

今译

人的气质是天生的，本来难以改变，只有读书才能

质。古之精相法者并言读书可以变换骨相，欲求变之之法，总须先立坚卓之志。（〔清〕曾国藩《曾文正公家训》）

让它发生变化。古代擅长看相的人说，读书可以变换骨相，希望获得变换的方法，无不是先立下坚定的志向。

读书三要素

> 盖世人读书，第一要有志，第二要有识，第三要有恒。

在众人眼里，读书是很平常也很容易的事情，只要识字，谁都会读书。其实不然，其中有很多讲究。

首先，要弄清楚为什么读书，如果只是一般的消遣，打发时间，那倒也罢，没什么好多说的。如果是读实用性书籍，诸如如何炒股票之类的书籍，为着马上付诸实践，立竿见影，那也不属于我们讨论的范围。这里要探讨的读书，是为了增长见识，从书中获得人生教益，提升自我，乃至要做学问，成为专家。这时候，读书就要注意许多方法了。同样一本书，不同的人读了会有大不相同的收获，有的人完全按照字面去理解，有的人则能够进一步读懂寓于其背后更加深刻的意思，结果大不相同。人生是一本书，用一生去读，到头来也许就领悟了一两条人生哲理。书籍也一样，平淡朴实的一句话，或许要用许多年的时间才能真正领悟其中的道理。

那么，该如何读书呢？曾国藩在这里提出入门的三条原则。第一，要立志，明确读书的目的。立志并不是说非的要怀抱治国平天下的雄心壮志才能读书。但是，作为提升自我的人生学习，不能把读书看得太功利。以前有一个对子说"书中自有黄金屋，书中自有颜如玉"，这个对子虽然低俗，但其用意无非是想用金钱和美女去激励年轻人读书，故不可当真。读书成才了，受人尊重，获得较高的生活待遇，这是自然而然的事。有才学就有好待遇，没有才学也就没有好待遇，才学是最根本的，不明白这一点，汲汲于眼前的蝇头小利，从一开始就很功利地想把读书变现成金钱美女，像下赌注一样读书，恐怕书读不好，到头来只是猴子捞月。而且，一旦达不到目的，岂不失望以至于堕落！

立志讲的是要把读书当作提升自我的途径，不仅要提高文化知识，更要提高品格修养，不甘居于下流，激励自己奋发向上，变得聪明睿智。如果这样去读书，眼界越读越高，心胸越读越宽阔，兴趣越读越多，人生越读越丰富，读书就变成一件非常开心的事。庄子曾经批评过功利主义，提出无用乃大用之说。就以历史为例，很多人认为历史是没有用处的，既不能变钱，也不能当饭吃。其实，历史首先是人类的记忆，其次是人类智慧的宝库。试想一个人如果既没有记忆，又没有智慧，还有什么用呢？相反，学好了历史，就有洞察未来和应对纷繁世事的睿智，见过人间起落沉浮权谋机变，才会有

"不管风吹浪打，胜似闲庭信步"的胸怀与澹定，那才是无用之大用。

第二，要有识。曾国藩在这里讲的主要是要博学而谦虚。读书一定要广，博闻多识。知道多了，才会真正体会到这个世界有多么宽广，人类几千年来积累下来的学问有多么精深，自己需要学习的东西还有那么多。其实，看一个人有没有学问，就看他对待学问的态度，那种夸夸其谈、一开口就评头论足、贬低别人抬高自己的，大多是浅薄之人。

第三，要有恒心。要知道学习是一辈子的事，不断学习，才能耳目常新，与时俱进，所谓的"活到老，学到老"。做研究更是如此，要不停地积累，不停地思考，持之以恒。读书最怕的是三天打鱼两天晒网，激情来了，日夜苦读，囫囵吞枣，热情一退，就把书晾到一边，碰都不碰。要知道，读书就像长跑，宛如登山，重要的是不要停步，快也好，慢也罢，都没有关系，只是步子要稳，也就是书要读懂，要领悟，不要停步，量力而行，一直走下去，你就会看到一路风景如画，而等待你的将是山顶上的无限风光。

原文

盖世人读书，第一要有志，第二要有识，第三要有

今译

世人读书，第一要有志，第二要有识，第三要有恒。

恒。有志则断不甘为下流；有识则知学问无尽，不敢以一得自足，如河伯之观海，如井蛙之窥天，皆无识者也；有恒则断无不成之事。此三者缺一不可。（〔清〕曾国藩《致澄温沅季诸弟》）

有志就断然不会甘居下流；有识就会知道学问是无穷的，不敢学会一点就自满，像河伯观海、井蛙窥天之流，都是没有学识。有恒就一定不会有做不成的事。这三者缺一不可。

要快乐地读书

学者有段兢业的心思，又要有段潇洒的趣味。

既然已经明白读书是一生的事，就完全犯不着起三更睡半夜地玩命苦读。古时候的人，常常用头悬梁锥刺股的故事来要求自己的子女发奋读书，刻苦固然是应该提倡的，但是如果只是一味自虐似地读书，那还真是坚持不了多久的。

“头悬梁锥刺股”是一段有名的故事，说的是战国时代，有一个叫做苏秦的人，就凭着三寸不烂之舌，招摇于六国之间，向国君兜售自己的政治学说，结果没人理睬他。他失意潦倒地回到家中，总结教训，认为是自己读书不多，见识凡庸，因此，痛下决心，闭门读书。苏秦能够客观地找出自己的缺点，倒不失为人才，比那些碰壁后只会怨天尤人者高明许多。一旦开始读书，苏秦才真正体会到自己以前没读过的书堆积得像山一般高，于是，没日没夜地攻读，读得发困了，就用锥子刺自己的腿，刺得伤痕累累。他还想出一个办法，从房梁上垂下一根绳子，绑住自己的头发，一打瞌睡，头发就被揪得钻心般疼痛，人也就清醒过来，继续读书。就这样读了一段时间，学问见识增长许多，再次出去游说六国，这次还真灵，国君们都被他说得心动不已，纷纷委任他为宰相，他一人竟然手握六国相印，好不神气。

苏秦的故事往往被后人视为一个读书成功的榜样，其实，那只是一个急功近利的事例。如果是为了在短期内实现某种特定的目的而读书，苦读确实容易收到立竿见影的效果。但是，如果是为了人生而读书，与其苦读，不如乐学，用闲定的心情去感悟，去享受读书带来的身心愉悦。

在元代，浙江诸暨有个穷孩子，名叫王冕，出身农家，喜爱读书。幼时放牛，偷偷跑到学堂听讲，竟然把牛都给放跑了。晚上归来，其父大怒，要罚他，其母为他求情，说孩子那么喜爱读书，就随他去吧。他父亲无可奈何，只好听之任之。于是王冕高高兴兴跑到庙里面，坐在佛像膝上，借着长明灯读书，白天就骑在牛背上，书袋挂于牛角，手持《汉书》诵读，活脱脱就是一幅放牛读书图，好生快乐。他的好学，感动了会稽儒士韩性，收其为徒。王冕学有所成，尝试参加科举考试，结果运气不佳，几次都没考上。他干脆把应试所写的文章都烧了，专心读自个儿的书，游历山川名胜，读万卷书，行万里路，扩大了视野，拓宽了胸襟，把自己参悟的心得，与大自然的鬼斧神工融会贯通，描写下来，诗文出人意表，绘画更胜一筹，一时名闻遐迩。不少地方官员惜才，屡屡举荐他出来做官，都被他拒绝了，他说："我有田可耕，有书可读，奈何朝夕抱案立于庭下，以供奴役之使！"王冕一生喜爱梅花，独创以胭脂作"没骨体"，别具一格。他画的梅花，就像他的为人风格，梅干挺拔遒劲，梅花浓淡点染，飘逸超俗，把天地人生至理，蕴涵其中。显然，若没有那种超越凡俗的学养，是不会有那般高雅清丽的《墨梅花卷》传世的。

没有功利心的读书，才有那份闲定参悟天地人生。只有快乐地读书，才能读出书中的个中三昧，得神取精，把自己和书本乃至整个世界融为一体，翱翔神游。

原文

学者有段兢业的心思，又要有段潇洒的趣味。若一味敛束清苦，是有秋杀无春生，何以发育万物？（〔明〕洪应明《菜根谭》）

今译

学者既要有兢兢业业的心思，又要有潇洒的趣味。如果只是一味地约束刻苦，那就像只有秋天的肃杀，而没有春天的生机，如何让万物生长发育呢？

古人学习与今人的差异

古之学者为人，行道以利世也；今之学者为己，修身以求进也。

据说古人读书的目的性，与后世不同。今天读书，功利性目的非常明显，所谓“学以致用”，乃至要求“立竿见影”。其实，古人讲的“用”，更多是指“实践”，而今日往往将它扭曲为有用无用的“用”，把“学”的目的完全限制于“用”上，书就读得苦了，丧失了人生修养的雅趣。

功利性很强的求学，给今日的教育机构带来极大的困惑与伤害。举个例子来说，古今中外的大学，与技术学校截然不同，其教育是由多方面构成的，一是知识的传授，这方面应该要求尽量贴近实际。即便如此，大学传授的知识面要宽，不可能学到一点就马上能适用于社会的具体业务上，学能不能致用，关键在于学生对知识掌握是否牢靠，会不会变通。二是学养，主要传授人类文明的成果，扩大眼界，以求见多识广，才能对于具体领域的知识融会贯通，奠定深入造就的基本素质。这个层次就不能用功利性的“用”去要求它。三是修养,要求用人类共同追求的理想、道德等崇高美善的东西陶冶情操,把自己变成“一个高尚的人,一个脱离低级趣味的人,一个有利于人民的人”。这三个层次,传授知识的层次其实是最低层和最容易做到的,越往上提升,就越需要通过自己的智慧和身体力行去习得,只有不断提高自己的道德情趣和视野,才有可能获得知识上的创新与突破。抹杀后两个层次,培养的是有知识而无教养的人,有人更严厉地称之为“有知识的无知”。由此可见,把眼光仅仅局限于功利主义的“用”,何其狭隘和渺小,限制了自己的发展。

明末清初大学者黄宗羲,对于做学问提出一个基本的要求,那就是要“修德而后可讲学”。作老师要修德,为人师表,不能有点知识却粗俗无德。求学也一样,不注重自己的道德修养,不严于律己,从一开始就成天盘算如何投机取巧,是不可能真正学有所成的。缺乏道德修养,真理为权势所左右,善恶是非被功利所颠倒,就不可能对人与事作出公正的评判取舍。所以,南北朝时代著名学者颜之推说,古人求学,为的是完善自我;今人求学,为的是向别人炫耀,只有一张嘴能说会吹。古人求学为了行道以利众生,今人求学是为了装饰自己以求晋升。以功利主义的态度来对待求学,必然是狭隘和自私的,追逐名利,随波逐流。

当代学者任半塘对学生提出的要求是:“聪明正直,至大至刚"。南京大学中文系张伯伟教授作了一番颇有见地的诠释，说道：

"聪明正直，至大至刚"这八个字都有出处，"聪明正直"出于《左传》，"至大至刚"出于《孟子》。前者涉及到学者的资质和品格，后者涉及到学术的精神和气象。其实，在古典文学的研究队伍里，本是不乏聪明人的。但聪明而不正直，就往往会为了达到追求个人名利的目的，不择手段。小者投机取巧，攘善掠美，大者背叛诬陷，落井下石。上世纪灾难深重的中国，有内战，有外侮，有动乱，有浩劫，虽然是极少数，但仍有一些学者或迫于外在压力，或出于内在需求，其所作所为令人不齿。"至大至刚"一方面是学术气象的博大刚健，一方面是学术精神的正大刚直。这可以说是一个很高的学术境界。而学术精神的正大刚直，实际上又贯通到其为人的"正直"。《孟子》说："我善养吾浩然之气。……其为气也，至大至刚，以直养而无害，则塞于天地之间。其为气也，配义与道，无是，馁也。"学者应该坚持真理，独立思考，敢于挑战权威，特立独行。

原文

古之学者为己，以补不足也；今之学者为人，但能说之也。古之学者为人，行道以利世也；今之学者为己，修身以求进也。夫学者犹种树也，春玩其华，秋登其实；讲论文章，春华也，修身利行，秋实也。（〔隋〕颜之推《颜氏家训》）

今译

古人求学，为的是完善自我，弥补自己的不足；今人求学，为的是向别人炫耀，只有一张嘴能说会吹。古人求学为他人，推行正道而利于世间；今人求学为自己，装饰修炼以求晋升。学习好像种树，春天赏玩其花，秋天获得果实。讲论文章，好比春华，修身利世，犹如秋实。

目到、口到、心到

读书要目到、口到、心到。

同样一本书，会不会读，效果完全不同。

要如何读书呢？晚清名将左宗棠提出要做到三到。

第一是眼到。读书当然要用眼睛看，这是不言而喻的。然而，真正做到眼到并不是都那么容易的。有许多艺术类的作品，或者物质文化遗产，很多人只是通过文字介绍得知的，或者停留于看看图录，并没有真正亲眼目睹。而且，关于地理山川形胜，也仅限于书面了解，没有亲自实地考察过。见与不见，大不相同。我原先是研究日本文学的，到日本留学后，按照老师的要求，对于一个作家的作品，要拿到他创作的地方去读，要重蹈他的行迹研究其生平，在这个基础上，才能领会作品的含义。这种研究方法给我很大的启发，以后我研究历史，每年都要抽出时间到各地考察，这才越来越明白古人为什么说“读万卷书，行万里路”的道理。

第二是口到。许多作品是要大声朗读吟诵，才能感受到其精妙之处，尤其像诗歌、词赋、韵文等等，只有读出声来，才有味道。像姜白石、柳永等人的作品，非常讲究声律音韵，非诵读不可。自己写的东西，也要边写边读，才能把文章写得流畅。而且，诵读还能帮助记忆，背诵过的东西容易记住。

第三是心到。也就是要用心去体会和领悟，这一条是最重要的。读书一定要用自己全部的心智、经历和经验去慢慢咀嚼体悟。孔子说："学而不思则罔，思而不学则殆。"如果我们不用心去辨析感悟，而只是埋头读书，毫无批判地全盘接受，那么，书读得越多就越迷茫。停留于对事物表象的认识，失去对事物本质的感悟，充其量只能读成书橱，说起话来引经据典，仿佛十分渊博，其实只是鹦鹉学舌。相反，如果不读书而只是一味空想，不断有思想火花闪现，显得深沉而锐利，其实言之无物，空空洞洞。所以，学和思是读书的两个方面，缺一不可。

近代新文化运动的领袖胡适在《介绍我自己的思想》一文中，总结自己学习的历程，说了一段颇有启发的话：

> 我的思想受两个人的影响最大：一个是赫胥黎，一个是杜威先生。赫胥黎教我怎样怀疑，叫我不相信一切没有充分证据的东西。杜威先生教我怎样思想，叫我处处顾到当前的问题，教我把一切学说理想都看作待证的假设，叫我处处顾到思想的结果。

不相信一切没有充分证据的东西，亲自去检验它，经过检验才接受它，这样读书，才能读出个性，读出学识，才能成为一个具有批判精神的读书人。

从亲眼观察，到用心体会，从感性到理性，读书就是一个不断反复、不断深入的过程。对于这个过程，德国思想家康德在《纯粹理性批判》有精辟的总结，他说道：

> 没有感性，我们就感受不到任何一个对象；没有悟性，我们就不能思考任何一个对象。没有内容的思维是空洞的，没有概念的直观是盲目的。

原文

读书要目到、口到、心到。（〔清〕左宗棠《左宗棠全集·家书》）

今译

读书要做到眼到、嘴到、心到。

“显处视月”与“牖中窥日”

士大夫子弟，皆以博涉为贵，不肯专儒。

读书人大概都有喜欢泛读的爱好，涉猎广博，仿佛无所不知。其实，古人对于读书广博与专精有过比较和讨论。南北朝时代，南北分裂，造成南北学风迥异。南朝人刘义庆所撰《世说新语》称：“北人看书，如显处视月；南人学问，如牖中窥日。”这是当时人支道林的话，持这种看法的大有人在。褚季野和孙安国说：北人学问渊综广博；南人学问清通简要。唐朝撰写的《隋书》和《北史》二书的《儒林传》也说：“大抵南人约简，得其英华；北方深芜，穷其枝叶。”各人所言，大同小异。

为什么“渊综广博”会被说成“显处视月”，而“清通简要”则被评价为“牖中窥日”呢？《世说新语》的刘注解释得最为贴切：“学广则难周，难周则识暗，故如显处视月。学寡则易核，易核则智明，故如牖中窥日也。”当代学者周一良先生在《略论南北朝史学之异同》一文中作了精心的现代解释:“(北方)治学偏于掌握琐细具体知识,涉及面广。……(南方)偏重于分析思辨,追寻所以然的道理。”以上可谓不刊之论。

时过境迁,今日的情形与南北朝时代自然大不相同,但是,读书学习乃至学术研究上博与约的问题依然存在。因此,南北朝学风差异的旧事仍多有启发。

读书要广,知识要博,切不可以实用和兴趣为理由而画地为牢,也不应有学科的畛域之见。兴趣应广,读书宜杂,没有一定的知识面和比较完整的知识结构,根本谈不上专与深。没有面的专,将使人固执而偏见;没有多学科的相辅相成,人的思维将是单调而平面的,不可能结出饱满的果实。因此,“渊综广博”应是读书的终生追求。

当然,广博不是没有选择。首先要读好书,尽量读原著。其次应在一段时间集中读相关的书,逐步深入,层层扩展,“穷其枝叶”。这样读书,可以有意识地构建立体的知识结构。

无论读书还是研究,最重要的是要有总体的把握,对读书的目标和研究对象在全局中的定位,有清醒而正确的认识。全局性和方向性的正确把握,可以将局部的偏差限定于无碍大局的范围之内。相反,没有全局与方向感的微观研究,则很有可能出现“失之千里”的结果。

全面拥有材料是重要的,但对每条材料的深入理解更为关键。前者是组成躯体的骨肉，后者则是躯体的灵魂。有人主张在学习和研究上要“竭泽而渔”，这其实在许多场合是不容易做到的。广和博是相对的，皓首穷经，常常是徒费光阴，而且泯灭思想。没有思辨的猎取材料，犹如纸篓一般，把散如纸屑的材料扫在一起，罗列一通，倒入纸篓，也成文章。

实际上，从各处摘取的材料是不能简单排列在一起的。每条材料都有其自身的内在联系，我们在摘取的时候，都是在断章取义，把它们堆砌在一起，更是以我们的逻辑思维在拼凑，拼凑出来的是自我想象的真实，是支离破碎的万花筒。

更何况这些材料，不管表面上看是相近或抵牾的，它们在根本上很可能是相矛盾的，或者是毫不相干的，更多是在特定条件下成立的。要把它们拼凑顺畅，看起来顺眼，就只好抹杀它们的特性，用我们的思路把它们摆在适当的位置，这时，我们并不是在还原事物的原貌，而简直是创世的上帝。

至于学识庸暗者，甚至被材料牵着鼻子走，东也是，西也是，把好端端的一道菜煮成一锅糊，不知所云。因此，没有思辨，只能是纸篓子或一锅糨糊，泽尚未竭，早已鱼虾不分，蛇鼠一窝。故识暗，则如显处视月。

由此看来，在广博的基础上，必须识明。要做到这一点，首先必须用心去读书，宁可读得慢一点，少一些，也必须读清楚，想明白，用心去体会，去理解。读书一定要谦虚，千万不要自以为是。自以为高明，则视古今人物皆不如己，必定会妨碍我们的理解，而轻下断语。许多人和事，看似凡庸，却经常有其不得不凡庸的道理。有些记载，明显有误，但我们还是先别去“纠谬”，自鸣得意，最好认真想想其为什么谬，许多重要的事实，往往就隐藏在这个为什么的背后。因此，没有谦虚，就没有理解，也就没有体悟。

其次，对人与事所处的时代须有深切而全面的了解，这样，我们就能够把每一条材料放在特定的时代里，从各个方面、各种角度进行考察，两者有机地联系起来，还原当时的时代与社会的系统，从而确定每个时代的关键性材料，做到纲举目张。

第三，弄清楚每条材料的来龙去脉，把握其特性，找到不同材料之间的联系，做动态的考察。对于材料之间的抵牾，切不可任意取舍或做逻辑处理，而应该深入思考其意义，发现真相和新问题。实际上，社会是十分复杂的系统，充满矛盾。研究者的工作是在充分尊重事实的基础上，去发现和阐释其意义。

也就是说，对于每一条材料，我们都要花费很大的精力去分析、理解和批判，咀嚼体会，有所领悟。这就是约简的工夫，方能得其英华。

博固然重要，而约更为关键，去芜存真，方能“牖中窥日”，使得事件的真相及其本质凸显出来。

博和约是相互矛盾的，又是相辅相成的。没有博，无从约起；没有约，则杂乱无章。约的基础在于通，“清通简要”，正其所谓。故博与约又是相互转化的。重要的是如何在两者之间取得平衡。在不同的层次上取得平衡，正是学问的不同境界。

博而有约，重在思辨。

原文

学之兴废，随世轻重。汉时贤俊，皆以一经弘圣人之道，上明天时，下该人事，用此致卿相者多矣。末俗已来不复尔，空守章句，但诵师言，施之世务，殆无一可。故士大夫子弟，皆以博涉为贵，不肯专儒。（〔隋〕颜之推《颜氏家训》）

今译

学之盛衰，随世道变化。汉代的贤人才俊，都靠精通一部经书来弘扬圣人之道，上知天时，下通人事，据此治理社会，当上卿相高官者不在少数。末世风气转变，空守章句之学，只会背诵老师的学说，用于处理实际事物，大概都行不通。所以，士大夫子弟，都以涉猎广博为贵，不肯精通一门专业。

要有自知之明

自见之谓明，此诚难也。

大多数人往往容易过高估计自己，很难看出自己的不足，即使有所不足，也会努力加以掩饰，所以难有自知之明。而且，同别人比较的时候，喜欢取己之长比人之短。这样做，如果只是给自己增强信心，倒也无伤大雅。事实上并非如此，有些人经常是自我蒙蔽，滋长傲慢，或者自欺欺人，或者自取其辱。

北朝有一个士族，家境富裕，所缺的就是文化声誉。

古代士族社会，十分看重文化修养。一个人，一个家族，要有权，或者有钱，或者有知识，都不难。可是，当官乃一时之事，不可能做一辈子。钱财则为身外之物，生不带来死不带去，子孙不肖，富不过三代。有记性，肯读书，就有了知识，做官更加容易。有官就有钱，混个文凭自非难事，但是，没有人会当你是个有文化修养的人。因为书只有用心去读，而且亲自实践，补己之不足，自律修身，才会真正变成属于自己的东西，成为有文化有修养的高雅之人，而受到尊重。我曾经在一篇论文中指出："商人可以富，官人可以有权，但不能获得文化上的贵。所谓士族，是尊（财富、权势）贵（文化、精神）的结合体。"由此可以明白，为什么有权有钱的人要尽力附庸风雅，就是为了获得"贵"。

这位士族当然不例外。他经常舞文弄墨，写些诗赋。古代诗赋皆有格律，用心学习，符合平仄韵律，当然可以成为诗赋。但是，文学最难的是神思意境，非有足够的才情，难臻完美。一本书反复多读，可以精熟。然而，文章多写也未必能够提高，最多只是堆砌词藻，有形无彩，毕竟激情才气都是学不可得者。然而，这种稍微深一点的道理，此公竟无领悟，使劲写作，把文化当作体力活，自以为学业精进。如果他写了藏之匣底倒也罢，偏偏自话自赞，常常击案惊叹，拿出去四处示人，奔走相告。邢邵和魏收是当时驰誉文坛的翘楚，此公却总不服气，觉得自己写的不比他们差，说与人听。大家碍于面子，就当他梦呓，随便寓嘲讽于赞扬，或夸大其辞，或沉吟作不解状，以致他得意非凡，杀牛置酒，招待大家。受嘲弄却浑然不觉，还要设宴犒劳人家，完全被人当作取乐的活宝。他妻子在一旁倒是看得明白，一再劝他别再犯傻，以致声泪俱下，此公不由升起世间竟无伯乐的感慨，长叹道："我的才华都不被妻子所容，更何况陌生人哪！"

人无自知之明，高估自己，口出狂言，就免不了遭人耻笑。看看当今社会，往往落后的地区多有重理工轻文科的倾向，在功利主义的近视镜下，人们只看到技术所产生的直接的效果，纷纷涌向理工科，趋之若鹜。我见到许多特别具有人文素质的聪颖学生，弃文科而投向理工科。可是他们实在不适合学理工科，结果是理工科多了一些饭桶，而文科少了许多天才。所以，凡是有孩子问我如何报考大学，我只有一个回答，一定要明白自己的兴趣所在，知识结构如何，适合学习什么，也就是要对自己明察秋毫，不要被功利所左右，才能正确选择报考的科目。

在我看来，人不能简单地用聪明与否加以区分，李白说“天生我材必有用”，大家一定要有这份自信。关键是要能够在社会千万种岗位上，找到最适合于你的位子，那你就一定能够焕发出光芒来。

原文

学问有利钝，文章有巧拙。钝学累功，不妨精熟；拙文研思，终归蚩鄙。但成学士，自足为人。必乏天才，勿强操笔。吾见世人，至无才思，自谓清华，流布丑拙，亦

今译

做学问有敏捷与迟钝的差别，写文章有巧妙和笨拙的不同。迟钝的人辛勤积累，是可以达到精通熟练的程度；而拙于文者揣摩思考，终归流于粗鄙。然而，成为

以众矣，江南号为诗痴符。……自见之谓明，此诚难也。（〔隋〕颜之推《颜氏家训》）

学士，足以为人自立。缺乏天分，不要强操笔杆。我见到世间有种人，完全没有才思，却自以为清雅华美，把自己丑陋笨拙的文章拿出去流传，这种人不在少数，江南称之为“诗痴符”。……能够自知才称得上明白人，这是多么的不容易啊。

博士买驴

邺下谚云："博士买驴，书券三纸，未有驴字。"

不要做无用之学。这里说的用与无用，指的不是功利主义的用与无用。各种学问都有它存在的道理和价值。在现实社会中，其作用有的是直接显现的，有的则是间接而不易察觉的。我们不应该以自己有限的见识去做功利性的评判。但是有一点，要让学问成为有用之学，就一定要深入而切实的掌握，不可把读书变成吹牛的谈资，学得一点皮毛，就以为懂得了，四处吹嘘，谈得天花乱坠，结果是自欺欺人，真的把有用之学变成无用的东西。

中国魏晋南北朝时期，社会上掀起了一股思想解放的浪潮。其起因是在东汉政权长期的腐败，彻底颠倒了是非黑白。以前，作为社会脊梁的士人，还以为皇帝是正义的象征，他们抨击黑暗的朝政，希望能上达圣听，从而扭转时局。结果让他们人为失望，皇帝并没有铲除宦官恶政，反而颁布命令，将士人撤职查办，禁锢在乡里。这对于士人的打击太大了，让他们的信仰彻底崩溃。随着信仰崩溃而来的，是对现存伦理道德的彻底否定和批判。他们改变以往信奉儒学为尊崇老庄，提倡老庄的“无”。

对现实政治的批判，是所有统治者都厌恶的。因此，士人经常遭受镇压。不得已，他们转而讨论与现实无关的事情来，离尘世越远越安全。士人聚集在一起，相互激辩，以显示自己的才学。激辩和口才，以善辩者胜，乐此不疲。世人称之为“玄谈”，或谓“清谈”，其中不乏讥讽之意。

这些士人当然多为饱学之士，且有政治与现实的经历，所以，清谈对他们而言，无非是对统治者的另一种抗议。后来，统治者为了争取舆论，大力拉拢收买他们。故士人中不少人转而进入仕途，当上朝堂高官。在朝中，他们依然谈玄，把议政变成清谈。恰好西晋武帝也是世家大族出身的人，司马氏篡夺曹魏政权，手段颇为卑鄙，故上台后，也想附庸风雅，加入朝堂上的玄谈，当国十年，朝堂从不议政，君臣就是空谈与国计民生无关的吃喝玩乐，奢靡斗富，好不快乐。晋武帝死后，竟然立了一个近乎白痴的儿子即位，西晋政权已经大难临头了，但大家还在清谈中傻笑，全然没有感觉。

就是在西晋君臣纸醉金迷的时候，边疆的胡族强盛起来，趁着西晋统治集团内讧之机，大举入侵。匈奴和羯族军队围歼西晋主力，俘虏了西晋王公大臣，太尉王衍投降求饶，羯族主帅石勒指责他“清谈误国”，把他压于石墙之下，到阴曹清谈去。

清谈成为一种时尚，受害最深的是年轻人。他们以清谈为风雅，纷纷起而效法。读书全无领悟，只会背诵文辞优美的佳句，记住一大堆结论，逢人便拿出来炫耀，夸夸其谈，口若悬河。问他一个问题，他可以滔滔不绝，说出一大堆话，根本不着边际；写起文章，洋洋洒洒，立马千言，尽是些华美的废话。到市上买驴，订立买卖合同，拿起笔来，一口气就写了三大张纸，就是没有一个驴字，不知所云。

看似引经据典的夸夸其谈，非但于事无补，而且误人不浅。年轻人读书学习，首先要理解的就是它。因为夸夸其谈既不费脑，又不费力，而且容易迷惑知识水平不高的听众，博得廉价的喝彩和掌声。长期以往，到老了也就只会耍嘴皮，喝西北风。与其夸夸其谈，不如用心读懂一两本书，哪怕就是领悟一句真言，也将让你受益无穷。

原文

汉时贤俊，皆以一经弘圣人之道，上明天时，下该人事，用此致卿相者多矣。末俗已来不复尔，空守章句，但

今译

汉代的贤士俊才，都能够精通一经以弘扬圣人之道。上知天时，下通人事，凭此本事当上卿相高官的不乏

诵师言，施之世务，殆无一可。……邺下谚云："博士买驴，书券三纸，未有驴字。"使汝以此为师，令人气塞。（〔隋〕颜之推《颜氏家训》）

其人。此后就不再如此了，读书人只懂得空守经书文句，背诵老师的讲解，如果运用于处理社会事务之上，恐怕毫无用处。邺下谚语称："博士买驴，契约写了三张纸，还没写一个驴字。"如果让你拜这种人为师，岂不胸闷气绝！

不可掠人之美

用其言，弃其身，古人所耻。

现代社会十分强调保护知识产权，只有充分保护发明，才能保护发明者，推动社会不断进步。就个人而言，是否尊重别人的发现，也是对自己道德品质的考验。

其实，中国古代就十分重视对于知识发明的保护，主要表现在社会道德的规范上。对于别人的发明，以及有创意的行为范例，都应该公开清楚地标示出来，予以称扬。所谓“君子扬人之美”，是否这样做，首先显露出来的是你是君子还是小人。

我曾经一再遭遇到论文被剽窃的事情。有一篇论文，主要观点被剽窃了，抄袭者不仅不标明出处，还在其文章中教训了我一通，教我要如何读书。其行为比“用其言，弃其身”更有甚之。我的同事的遭遇比我更滑稽。有学生报考其研究生，送来代表作让他审阅，他一看，竟然自己的论文赫然在其中间，只换了个名字，哭笑不得。

现在高校教师评职称，研究生毕业，都规定要发表若干篇论文。这个规定当然有需要改进之处，但是，在现实的压力之下，出现大量人云亦云的文章，丝毫没有推进研究的深入，反而浪费了大量资源。更严重的是抄袭现象层出不穷。研究生初入学术之途，读书未广，就要写出有发明的论文，确实勉为其难。于是有人就到网上下载，把多篇论文糅在一起，拼凑成文。通篇文章自说自话，全然不敢注出别人的研究成果。这样的论文，一看就知道来路不正。其实，老老实实注出别人的成果，本身就显示出你的博学多闻，就是实力的展现。孔子说："知之为知之，不知为不知，是知也。"学问越深，便发现自己不知道的事情越多，讲话就越发慎重。而在大庭广众面前勇于承认自己不知道，这种老实的态度就是有学养的表现。有些论文罗列一大堆参考文献，甚至把《四库全书》之类都列入其中，企图糊弄别人。其实，每个人都很聪明，一望即知，反而是造假者自作聪明，被人耻笑还不自知。

在发达国家，学术道德和学术规范是看得很重的，不要说提出一个新观点，就是发现一条新材料，都要归功于发现者，从而形成良好的学术氛围。大家敢于把自己不成熟的作品拿出来讨论，通过学术批评获得完善提高，再正式发表。不能形成这样的学术环境，使得你有新的想法，才说出来，就被学生或者同行窃为己有，抢先发表，结果谁都不敢说话，上课也只能笼统泛论，妨碍了学术研究的深化。

著名的唐代文学研究家傅璇琮教授曾经就唐代武则天时期的科举与我讨论，我把自己的一些想法，写信寄给他。不久，他发表了关于武则天与科举的论文，大段摘抄我给他的信件，表示赞同。一封私下讨论的信件，都如此郑重对待，可见其学术品格之一斑。老一辈学者是很重视学术道德的，值得我们学习。季羡林先生学富五车，贯通中西，晚年写了许多散文，抒发他对人生的感悟，颇多真知灼见，汇编成《季羡林谈人生》一书。我曾经在一篇探讨隋朝与突厥关系的论文中，指出各民族有各自的立场和利益，经常由于相互的隔膜而造成误解。没想到九十高龄的季老会读到这篇长文，并在《谈隔膜》中特地摘抄拙文，肯定我的看法。一丝一毫，不掠人之美，乃是中国自古以来的优秀学术传统。

原文

用其言，弃其身，古人所耻。凡有一言一行，取于人者，皆显称之，不可窃人之美，以为己力；虽轻虽贱者，

今译

采用别人之说，却抛弃其人，这是古人所耻的行为。凡是别人的一言一行，取自别人，都应该公开标明称扬，

必归功焉。窃人之财，刑辟之所处；窃人之美，鬼神之所责。（〔隋〕颜之推《颜氏家训》）

不可掠人之美，当作自己的发明。哪怕他是一位身份低微的人，也必须归功于他。偷窃他人财物，是要判刑的；窃取别人成果，则要遭到鬼神的谴责。

善待父母

孝始于事亲，中于事君，终于立身。

这段话来自《孝经》："身体发肤，受之父母，不敢毁伤，孝之始也；立身行道，扬名于后世，以显父母，孝之终也。夫孝，始于事亲，中于事君，终于立身。"

什么是"孝"呢？儒家经典的解释很简单，成书于汉代的中国第一部字典《说文》解释道："善事父母者。"也就是要善待父母。如何善待父母呢？孟子在解释不孝时指出："不孝有三，无后为大。"那么，有哪三条不孝呢？第一条是曲意顺从，不指出父母的过错，让他们陷于不义。第二条是家境贫穷，父母年老，自己不出去求仕进，以俸禄供养双亲。第三条是不娶妻生子，断了祖宗香火祭祀。由此可知，儒家对于孝的要求，首先是能够匡扶父母，特别是对于父母的过失要能够指正，不使他们陷于不义的田地。显然，父母和子女的关系是比较平等的。孔子一贯主张权利和义务的对应，父母要慈爱，子女要孝，慈与孝是对应的，而这种关系必须符合

“义”的原则，这是首要的。其次才是赡养年老的父母，最后落在建立家庭传宗接代上，让有情有义的家庭长期延续下去，这就是“孝”。

然而，到了后来，随着中国专制集权的加强，国家权力大幅度渗透于家庭之内，法律支持家长建立绝对权威，用宗法权力协助维护君主至高无上的专制权力，所以就把“孝”绝对化，完全篡改了孔子等早期儒家对于孝的解释，变成“天下无不是之父母”，父母成为绝对正确的象征，子女晚辈必须绝对服从。社会法律学家瞿同祖先生写了一本很好的书《中国法律与中国社会》，其中告诉人们，到中国古代社会晚期，子女对父母说句重话，只要父母告官，子女就要受到格外严惩，更不用说骂父母处绞刑，打父母处斩刑。而且，只要是以不孝的名义，家族可以动用族内私刑，并且得到国家法律的支持。

彭德怀元帅小时候调皮，其祖母告他不孝，族长就决定用竹笼将他沉江处死。他逃了出去，当兵升官，拿钱回家看祖母，于是祖母逢人便夸他大孝。孝成为维护专制统治的有力工具，目的在于培养对专制政权的愚忠。这样，我们就能够明白为什么中国近代解放运动首当其冲的就是要破除“孝”，打倒宗法权力。

在今天，重新恢复专制主义的“孝”是错误的。然而，孔子提出的善待父母、敬老爱幼却不能丢弃，这是中国的传统美德。敬老爱幼,从小培育爱心和责任心,乃做人之本。

至于所谓的"事君",在现代社会已经没有"君主"了。可是,我们长大后踏上社会,就要热爱祖国,服务社会,忠于真理。

最后,从敬老爱幼出发,做一个有道德、坚持正义和真理、热诚服务社会的人,自己的境界获得提升,完成自我的人格塑造,成为一个高尚的人。近代太虚和尚曾经对于希望修身成佛的人有一段开示,富有启发:

> 仰止唯佛陀,完成在人格。
>
> 人成即佛成,是名真现实。

佛就是智慧和解脱的象征,人就要不断从必然王国向自由王国迈进。

原文

孝始于事亲,中于事君,终于立身。扬名于后世,以显父母,此孝之大者。([西汉]司马谈遗嘱,《史记·太史公自序》)

今译

孝始于侍奉父母,而后是为国君服务,最后是立身于世。扬名于后世,以彰显父母,便是大孝。

近朱者赤

是以与善人居，如入芝兰之室，久而自芳也。

人生在世，交友是一件十分重要的事情。交什么样的朋友，对自己的一生影响甚大，不可不谨慎。

颜之推是南北朝时代杰出的学者和官员，一生屡遭变乱，流离颠沛，先后担任过南朝和北朝的官职，亲眼目睹世态人情和南北风俗，特别是在乱世，道德沦丧，人情险薄。他虽然在乱世中洁身自好，保持君子品格，但也见到许多人因为交友不慎而误入歧途，甚至遭遇祸害。所以，他在《颜氏家训》中教导自己的子女一定要慎重交友。

那么，要交什么样的朋友呢？颜之推以自己为例，说道：

我出生在乱世，成长于战火纷飞的年代，流离漂泊，见闻颇多。遇到有名的贤者，未尝不心往神追地仰慕他。人在少年的时候，性情还没有定型，和亲密的朋友在一起，会受到熏陶感染，谈笑举止，尽管没有刻意模仿，也会在潜移默化之间，自然相似，何况操守技能等显露出来容易学习的东西。所以，和好人相处，如同进入芝兰花房，时间长了，自己也变得芬芳起来；而同恶人在一起，就像来到咸鱼市场，时间久了，自己也变得腥臭起来。墨子见人染发，感叹头发因颜色而变，乃有感而发。君子必须珍重交友！孔子说："应该和超过自己的朋友交游。"像颜回、闵损这样的优秀学生，不是经常可以获得的。只要比我优秀，便足以让我尊重他。

朋友有各式各样，交朋友首先要交那些品德学识高于自己的人，"近朱者赤"，与高尚的人相交，见贤思齐，自己可以获得提高。

所以，交朋友不能交酒肉朋友，或者只求与自己气味相投，而要注意交那些在自己遇到问题的关头，能够直言相告的人，千万不能只看自己的脸色，一味迎合自己。在困难的时候鼓励自己，在情绪冲动的时候劝导自己，在犯错误的时候纠正自己，这样的人才是真正爱护自己的朋友。当然，这样的朋友可能让你不愉快，然而，他却每每在你人生的重要时刻给你很大的帮助，让你不由得对他肃然起敬，引以为"畏友"。

历史上，千古称颂的明君，以唐太宗为最。唐太宗有一个难能可贵的品格，就是"以人为镜"，把臣下当作一面镜子,时时照出自己的瑕疵,及时改正。正是唐太宗的积极鼓励,所以,他手下的大臣敢于大胆进谏,特别是魏征,经常在朝堂上当面指出唐太宗的不是。有一次,唐太宗怒气冲冲回到后宫,恨恨地说:“我一定要宰了这东西!”长孙皇后听到后,问道:“您要杀谁呢?”唐太宗说:“魏征。他让我太没面子了。”不料皇后趋前贺道:“恭喜陛下,因为您的贤明,才有如此忠臣,国家有庆,陛下有庆啊!”说得唐太宗转怒为喜。其实,唐太宗要杀魏征,只是一时背着人说的气话而已,每次他都能调整自己的心态,使自己冷静下来,仔细反思,最终接纳正确的意见,使得他统治的期间始终都保持开明的政治风格。

从唐太宗的事例可以看出,世上并不是没有敢于直言相劝的真诚的人,为什么有的人有这样的朋友,而许多人始终碰不到呢?最关键的还是在自己,要有宽阔的胸怀,勇于面对自己,才能接纳不同的意见。你待人宽厚真诚,真诚的朋友就自然会出现在你身边。

原文

是以与善人居,如入芝兰之室,久而自芳也。(〔隋〕颜之推《颜氏家训》)

今译

所以,和好人相处,如同进入芝兰花房,时间长了,自己也变得芬芳起来。

如何识人

观人者，看其口中所许可者多，则知其德之厚矣。看其人口中所未满者多，则知其德之薄矣。

识人择友是人生中非常重要的事情，交上一个好朋友，终生受益，识人不明，受害不浅。识人是一件十分困难的事情，该如何辨识人物呢？清朝的唐彪提出一个观察的角度，那就是看他如何评论别人。

一个人，能不能心平气和地看待别人，客观地评价自己，反映出来的往往是这个人的品德与学识修养。人在年轻的时候，往往会过高评价自己，过低评价别人，拿自己的长处和别人的短处作比较。那是因为年轻气盛，知识学养不足的缘故。然而，随着知识的增长，阅历丰富，特别是个人修养增加，就会真正感觉到个人的渺小，在浩瀚的知识海洋中，每个人所知道的东西实在是少得可怜。随着眼界的开阔，理应逐渐去掉身上的狂妄与傲慢之气，客观地看待别人和自己。评价自己和别人，有两个重要的方面，首先，“人贵有自知之明”，要懂得清楚地看待自己，尤其是要清楚自己的不足，才能明白努力的方向，不断提高自己。其次，要多多看到别人身上的优点，“三人行，必有我师”，善于发现别人的长处，见贤思齐，自己获益良多。

读书阅世，如果只是当作看热闹，只想获得一些知识或者结论，而把关于为人处世等内在修行的道理用于要求别人，仿佛走了一条捷径，不懂得首先要学的是做人，身体力行，提升自己的心性品德，这样学得一些知识，只会徒增傲慢，增加恃才傲物的资本。浅薄的人，刻薄的人，无不唯我独尊，看别人都是无能，学到一点皮毛便急于到处炫耀，以贬低别人来抬高自己。结果，这种人往往把一连串的皮毛编织成五彩斑斓的外衣，蒙蔽的是自己，妨碍的是对于事物的领悟，难怪古人谈学习，首先强调要修“德”，没有高尚宽宏的品德胸怀，如何披沙拣金呢？

有一位年轻人，想随著名学者熊十力学习，他来到熊十力跟前，滔滔不绝地介绍自己读过的书，一本又一本，简直成了个书橱。同时，他把这些书和作者批评得口沫四溅，急于显示自己的才华。没想到熊十力拍案大怒，痛喝道：你难道就不能静心读书，读出作者的深意和优点来吗！还没读懂，就肆意批评，这难道是读书吗？

随意贬斥别人，甚至不惜造谣挑拨，恶意中伤，不但是中国传统道德中的大忌，而且，也招致人神共愤，为宗教伦理所不容。佛教讲“口业”，说的道理相同，把不修口德作为重要的恶行，要遭到报应的。

如何识人，我觉得还有一个办法，就是观察他如何对待别人。对于有身份、地位、金钱、权势的人来说，身边不乏阿谀奉承之人，鞍前马后，处处显露自己的忠心与勤快，拿自己的优点对照同事的短处，巧妙地排挤他人，用心计，耍手段，把要巴结的人给哄得晕晕乎乎，从而获得信任。最后，当关键时刻到来时，大概就要吃这种人的亏，而且，往往是致命的。识别这种人，最灵验的办法就是看他如何对待其他人，尤其是对待同事、部下和无权无势的人。那些瞒上欺下、卖友求荣、有奶便是娘、人前说人话鬼前说鬼话的，都不会是有德之人。孟子讲了一个故事，说逄蒙跟后羿学箭，学成之后，暗忖道：后羿箭法天下无双，我杀了他，就无人可敌了。于是，逄蒙找了一个机会，趁后羿不注意的时候一箭射死后羿。孟子认为这件事情上，后羿也要承担一点责任，那就是选才不当。逄蒙当初跟后羿学射箭，无非是想利用后羿。在物欲横流的社会，这类情况屡见不鲜，有些人选老师，并不是从学习本事考虑，而是看老师的利用价值，有权有势的当然成为首选。一旦发现有更具权势的人物出现，立刻抛弃原来的老师和专业，改换门庭，成天用脑寻思不择手段飞黄腾达，心不静，学习也难有真正的成就。而且，为了达到个人的目的，不惜诽谤排挤周围的人，一路走来，怨声载道。所以，古人选才，首重其德。识人之明，尤其重要。

原文

盛德者，其心和平，见人皆可交；德薄者，见人皆可鄙。观人者，看其口中所许可者多，则知其德之厚矣。看其人口中所未满者多，则知其德之薄矣。（〔清〕唐彪《人生必读书》）

今译

很有德行的人，他的心是平和的，同什么人都能交往；没有多少德行的人，看别人都觉得可鄙。所以，看一个人，如果他口中称赞的人多，就说明他很有德行。看他批评的人多，就知道他没有什么德行。

朋友

大凡敦厚忠信，能攻吾过者，益友也。

人生在世，一定要与人交往，身边的环境，特别是交往的人，对自己的影响很大，所以，古人费很大的心思给自己创造一个适合成长的环境，也总结了许多择友的经验。

孟子小的时候，住在墓地附近，孟子出去玩，学着办丧事的人跪拜恸号，模仿得很逼真，孟母一看很不高兴，担心儿子长大不成器，就搬到热闹的地方去住。可新家附近有市场，孟子模仿商人做生意，讨价还价，点头哈腰，孟母更不高兴，深怕儿子从小染上铜臭味，于是第三次搬家，住到学校附近。孟子天天跟着学堂学生执礼读书，孟母这下子高兴了，她希望儿子从小受到良好的教育，长大成才。这则“孟母三迁”的故事，说明一个人成长的环境极其重要，“近朱者赤，近墨者黑”，不但孩子小的时候要让他尽量多接触好的事物，培养高尚的品质和习惯，而且，长大后同样也要注意交往好朋友，不要滥交恶人。

那么,什么样的朋友是最值得结交的呢?

南宋的大学者朱熹认为,那些忠厚诚信能够指出自己错误的人,属于对自己有益的朋友。至于那些阿谀奉承、傲慢轻薄的纨绔子弟,专门引诱别人做坏事,属于对自己有害的朋友。

朱熹交友的原则,出自孔子。孔子早就教导自己的学生道:"益者三友,损者三友:友直,友谅,友多闻,益矣;友便辟,友善柔,友便佞,损矣。"用今天的话说,就是有益的朋友有三种,有害的朋友有三种。正直、诚信、知识广博的朋友,是有益的。谄媚逢迎、表面奉承而背后诽谤人、善于花言巧语的朋友,是有害的。

孔子提出的交友原则,一看就能明白。但是,要做到就很难了。因为人有很大的弱点,就是喜欢听好话、和自己想法相同的话,不喜欢听与自己意见相左的,甚至是反对的话;喜欢做轻松的、引起感官愉快的事,不喜欢做克制自己的欲望、严格自律的事情。实际上,在许多时候,人们并不是完全不知道是非善恶,而是以为无伤大雅而有意放纵自己,久而久之,倒是真正自己麻痹了自己,富而倦怠,乐而思淫,精明变得糊涂,放松警惕,暮气一生,身边很快就被"损友"所包围。

有一位年轻有为的房产开发商,靠着勤俭奋斗,生意越做越红火,身边的朋友也越来越多,周围都赞颂他年轻有为。听习惯了,他觉得十分受用,拼搏的锐气逐渐磨蚀,当年的机敏也变得迟钝,越来越喜欢别人的赞扬,对于冷静的建议也就越来越听不进去,慢慢疏远了同他讲真话的朋友,而日益信任一位日夜追随在左右、讲话中听的助手。老朋友都为他着急,因为他们看到了其助手的另外一面,那就是一面逢迎老板,一面排挤他人,利用老板的信任,一手遮天,瞒着老板另外开了一家公司,把老板的生意和资金偷偷转到自己的公司去。朋友们告诫这位开发商要注意身边的人,结果反被疏远。终于有一天,开发商发现自己的账户出现严重的亏损,认真一查,这才大吃一惊,但已经太晚了,最后公司不得不宣布破产,而他的助手偷天换日,摇身变成大公司老板。

原文

大凡敦厚忠信,能攻吾过者,益友也。其谄谀轻薄、傲慢亵狎、导人为恶者,损友也。……见人嘉言善行,则敬慕而纪录之;见人好文字胜己者,则借来熟看,或传录之而咨问之,思与之齐而后已。(〔南宋〕朱熹《训子帖》)

今译

凡是敦厚忠信能够指出我的过错的人,就是有益的朋友。而那些轻薄阿谀、傲慢猥亵之徒,则是有害的朋友。……见到别人有嘉言善行,就应该敬慕他,记录下来;看到别人的好文章,超过自己,就应该借来熟读,或者抄录传诵,当面请教,想着向他看齐,不懈努力。

以礼待人

> 周公一沐三握发，一饭三吐餐，以接白屋之士。

中国人自古就有谦和待人的传统。据说帮助周王建立周朝的周公，虽然身居高位，却十分谦和，以礼待人。回到家里，好不容易能休息片刻，进去洗澡，便有人来访，或是有人来相询，或更多是老百姓有困难要申诉。这时候，周公就会抓住已经淋湿的头发，披衣而出，和颜悦色地接待，耐心倾听。有时候洗一次澡，竟来了三拨人，周公就中断沐浴三次。吃饭也是这样，才吃上几口，就有人到访，匆忙出去接见。所以各地的人见到周公，无不被他所感动，诚心悦服，这才有了“周公吐哺，天下归心”的名言。

周公被中国人视为道德的楷模，热情待客成为交友的准则，也成为老百姓对官吏的期望。无论是北方或者南方，都很看重接待来客，不能让人长时间等候接见。在江南，大户人家都没有门房，客人来了，有些传达的佣人会仗着主人的权势，推说主人正在吃饭或者睡觉，让客人等待，甚至打回票。这样的家庭，会被人看作失于管教的势利人家，为人所不齿。裴之礼当上黄门侍郎，是中央决策机构的负责人，官大权重，但依然郑重待人。如果其门房敢以各种借口搪塞访客，让他知道了，他就会当着客人的面杖罚门房。所以，他的属下以及家中仆人，接待客人就像对待主人一样，很有礼貌，为人称道。

原文

昔者，周公一沐三握发，一饭三吐餐，以接白屋之士，一日所见者七十余人……门不停宾，古所贵也。（〔隋〕颜之推《颜氏家训》）

今译

古时候，周公洗一次澡要中断三次，手抓着湿漉漉的头发出来会客；吃一顿饭要放下三次饭碗，出来接见平民，一天之内，接待七十多人……不让客人在家门口排队等候，是古人所看重的。

君子坦荡荡

澹泊之士，必为浓艳所疑；检饰之人，多为放肆者所忌。

在极其功利且浮躁的社会，踏踏实实做人，反而要遭人怀疑，甚至被孤立排挤，这是相当多见的情况，所以，不少严于律己、助人为乐者灰心丧气，满心充满挫折感。

这种现象并非今日才有，要知道人是从严酷的自然界竞争中慢慢演进的，自然界讲的是优胜劣汰的残酷竞争法则，所以嫉妒、排挤他者，垄断食物等等动物的特征，在人身上也保存下来。人类社会为什么如此强调教育？就是要不断培养人的文明成分，抑制动物性的一面。有些人修养好，文明程度高，有的人光学知识不进行自我改造，身上的原始性多些。两种人相处一出，有矛盾是很正常的。

孔子曾经把人区分为人格高尚的君子和人格卑鄙的小人，在与人相处中，“君子成人之美，不成人之恶，小人反是”。君子能帮人时帮人一把，不能提供具体支持时，也给人温暖或者鼓舞，积善成德。小人正好相反，看到别人日子好，水平比自己高，恨得直咬牙，非得暗中下毒手不可，破坏他人的事情。所以，小人眼中，做好事一定有什么目的，遂以己之心度君子之腹，故君子免不了被人猜疑，甚至被视为伪善。

君子行事根据道德原则，小人根据利己原则，两者相去甚远。孔子从各个角度作过比较，例如：

"君子周而不比，小人比而不周。"（《论语·为政第二》）

"君子喻于义，小人喻于利。"（《论语·里仁第四》）

"君子和而不同，小人同而不和。"（《论语·子路第十三》）

"君子泰而不骄，小人骄而不泰。"（《论语·子路第十三》）

君子公正而不偏袒，小人结党营私而不公正；君子坚持天下公认的道德善恶原则，不为利所动，小人见利忘义，抛弃原则；君子和谐相处却思想自由，坚持自己的立场，小人以利益相勾结，却勾心斗角；君子处事泰然自若却不骄矜，小人张狂却不自在。两相对比，实在是两种人。最后一句话很重要，别看小人张牙舞爪，其实，因为其所作所为违背社会道德，不免心虚，所以，他们一定要结交同伙，形成小帮派，共同为恶，互相壮胆。如果不同他们搞在一起，就将遭到排挤打击，更不要说与他们形成鲜明对照的君子。

损人利己是小人的特点。有所海岛高校评职称，某人与有专长的历史地理学家竞争，大家拿出学术成果来比较，本来是很公平的事。可是，此公学术成就不占优，就想起到处分送匿名信进行抹黑对手的小动作来。在地图上考定千年以前的城市乡镇，是非常艰难的工作，需要做大量的考证和实地调查，或许花大半辈子，就画出一幅历史地图而已。只要是做历史研究的学者，都知道这项工作的难度。亏得这位老兄想得出来，要求做“科学而精确的量化比较”，用版面来折算地图的字数，还充作大方，从宽折算。如此一来，重大的研究成果变成寥寥无几的字数，而自己滥竽充数的书籍当然在字数上占有绝对优势，一剑封喉，把一位专家给扼杀了。

那些整人的招数，不是有德之人想得出来的。难怪君子遇到小人，不免吃亏。何况君子之交淡如水，大家忙于做事，没有时间吃喝互吹，更容易被小帮派孤立。所以，真正做事的人，不能不对名利看淡些，别太在意，就算吃亏，能把事业做成，便是莫大的成功。要相信，大家心中有把秤，哪个有水平，哪个工于心计，总会看清楚的，公道自在人心。

《菜根谭》指出君子为小人所忌的现象，给君子忠告：首先，千万不要因为吃了亏而改变自己的志向情操，牺牲自己的声誉事业，混迹小人堆里，那就太不值得了。君子坦荡荡，相信清者自清，浊者自浊，日久终见人心。其次，自己也要更加严格要求自己，不要锋芒太露，对小人敬而远之，也不必惧怕。

孔子认为君子要做到：仁者不忧、智者不惑、勇者不惧。

原文

澹泊之士，必为浓艳所疑；检饰之人，多为放肆者所忌。君子处此，固不可少变其操履，亦不可太露其锋芒。（〔明〕洪应明《菜根谭》）

今译

淡泊之人，必定被矫饰者怀疑；检点之人，大多遭到放肆者忌刻。君子遇到这种情况，诚然不可以改变自己的情操，但也不可以太露锋芒。

退一步海阔天空

处世让一步为高。

每个人活在世上，都必须同别人相处，不管是职场同事，还是偶然相逢、短期相处者，难免都会有利益的交错和竞争。竞争一般有两种方式，一种是胜者通吃的零和博弈；一种是各有所得的双赢游戏。在日常的交往中，一个有起码道德修养的人都知道，个人的自由是以不妨碍他人的权利为界限的，但是，自己和别人各自权利的界限在哪里呢？有些人总喜欢占别人的便宜，或者侵占点公共利益。例如，在多家合住的公房过道，总是乱糟糟的，总有人要搬一张破桌子放在过道，虽然没有用处，但总觉得多占了一点公共空间，心里感到满足。自己做点事情，总要看别人是不是做得比自己多，否则浑身难受。这样的事例，在日常生活中经常碰到。

遇到喜欢占小便宜或者嫉妒心强烈的人，怎么办呢？首先要看看事情的性质，只要不是原则性的大事，不妨包容对方，不必寸土必争，让矛盾升级，非要拼个你死我活不可。有人说这是典型的中国人的想法,西方文化就不是这样,如果在美国,那就会通过打官司来解决。这话没错,但是,在中国有几个方面需要考虑。第一,西方的做法不一定适合中国的传统,或许将来法制健全,我们会越来越多地采用司法裁判的办法,但是,在现阶段并不是所有的人都能接受打官司的做法。第二,法制的不健全,以及司法的腐败,裁判的结果未必公正,全国人大代表审议政府机关的工作报告,法院的工作报告反对票不少,反映出当前司法裁判的现状。其实,美国人对于打官司的看法与我们有很大的差异。中国人视打官司为撕破脸,今后相互为敌;而美国人却认为请法官裁断,可以让当事各方不必争吵而伤面子,裁判之后,依然可以相处。显然,美国人打官司也是为了以后能够相处,与中国人的忍让有异曲同工之妙。

《桐城县志》记载了一则故事,说是清朝康熙年间,安徽桐城张家和吴家相邻,吴家修宅子,夺占了张家三尺地,张家十分生气,飞书给在京城当文华殿大学士兼礼部尚书的张英,要他为自家人出气,摆平吴家。张英收信后,只回了一封短笺。张家人打开一看,上面写着一首诗:

一纸书来只为墙,让他三尺又何妨。

长城万里今犹在,不见当年秦始皇。

张家人读后,为自己不晓得宽容而惭愧,主动后退让地。吴家人看到这情形,更加感觉自己小气丢人,也后退三尺。

结果，两家各退三尺，倒形成一条六尺通道，给过往行人带来许多方便。这条小巷今日依然存在，叫作“六尺巷”，成为互相礼让的象征，流芳百年，构成桐城一景。

宽容对自己是一种修炼，就像帮助别人，原谅别人的错误，我们可以获得愉悦，所以说宽容别人也是善待自己。当然，宽容对于错误也是一种惩罚，让对方在别人的善意中发现自己的错误，后悔改正。

当然，也许有人要问，我遇到的是那种你让了他，他不但不醒悟，反而以为自己胜利了，更加得寸进尺。这种情况我也遇到过，正所谓“阎王好惹，小鬼难缠”，自己不好好做学问，拿出让人信服的成果，却一心想通过打倒别人来表现自己的重要性，设计许多阴招穿人小鞋，造谣诽谤。然而，我们应该想到，人生有更多有意义的事情要做，你愿意陪此等人耗费宝贵的生命吗？这种人今天嫉妒你，明天还要排挤别人，心被嫉妒和仇恨所掩蔽，活得多累，多么不幸，多么需要怜悯。我们没有能力救恤他，总有高人点化他。

原文

处世让一步为高，退步即进步的张本。(〔明〕洪应明《菜根谭》)

今译

处世以退让一步为高，退步为进步奠基。

利人利己皆大欢喜

待人宽一分是福。

如何对待别人，是我们应该认真思考的问题。如何对待别人，也是如何对待自己。每个人都希望获得社会的承认，有地位，体面而荣誉地生活。将心比心，谁不想如此生活呢？孔子提出了两条做人的准则：

其一：己所不欲，勿施于人。（《论语·颜渊》、《论语·卫灵公篇》）

其二：己欲立而立人，己欲达而达人。（《论语·雍也》）

第一条是与人相处的最基本的原则，中外皆同，《圣经》记载耶稣的训诫也说："爱人如己"，"你希望别人怎么对待你，你就怎么对待别人"。根据这个原则，你所不希望的东西，就不应该强加在别人头上。要懂得尊重别人，平等相处，这是一个人最起码的教养。

孔子说的第一条准则可以视为道德的底线，因此，它只是消极地尊重他人的尊严和自由。我们应该比这更进一步，从积极方面建立人与人的关系。为此，孔子提出了第二个准则，那就是你所希望获得的，就应该帮助别人也得到，也就是今日常说的创造“双赢”的局面。

这两条原则体现出孔子的人文关怀，其基本的出发点就是推己及人。善待别人，别人才会善待你；尊重别人，别人才会尊重你，人与人的关系是相互的。一个自私自利、事事斤斤计较、以自我为中心的人，越是欲望膨胀，想获得大家的尊敬，就越不可能实现。特别是担任一点职务，手中有点权力的人，更应该懂得爱护大家，而不是相反，自己不愿意做的重活苦活，强迫别人去做；自己想要多吃多占，就利用权力打压别人。他所凭借的无非就是手中的一点权力，如果这个权力是要经过选举才能获得，恐怕这种人就得从权力的位子上滚下来。

有一种误解以为市场经济的社会是最大限度地扩张自己的利益，因此，可以不顾别人的利益甚至损人利己。这是资本主义原始积累和短缺经济时代的想法，早已落伍了。市场经济不是不讲道德，约三百年前的近代经济学奠基人亚当·斯密就专门研究经济道德，激烈抨击垄断。资本主义原始积累时期最大限度地压榨工人的剩余价值，最后是发展出军国体制的国家，为瓜分市场而引发了两次世界大战，反过来妨碍经济的发展。现代经济强调要保证工人享有的权益，只有提高全社会的购买和消费能力，才能形成可持续的经济良性发展。今天还有开办工厂的人依然用尽量压低工人工资的办法来降低成本，任意开除劳工，用低廉的商品价格扩张市场，牺牲的是工人的利益，换来的是世界各地反倾销的制裁和国内需求不足。这种状况是残酷而不能持久的，与其被外国课以高额反倾销税，不如大幅度提高劳动者的报酬和福利保障，把出口型经济转变为拉动内需的经济形态，才是发展的方向，利人利己。

善待别人，需要有公心，有奉献精神，严于律己，宽于待人。古人常言：宽得众。宽厚待人，关心民众疾苦，才能得到大家的拥护支持。我们看到古今多少亲民之官，在任上殚精竭虑为老百姓做事，鞠躬尽瘁，任满离去，百姓盈衢相送，那感人的场面，让人真正感受到什么是幸福和满足，那就是奉献自己服务大众。厚德载物！

宽容是一种美德，是一种大智慧，胸怀宽广、谦让待人才是博大，才具有深厚的力量。

原文

待人宽一分是福，利人是利己的根基。（〔明〕洪应明《菜根谭》）

今译

待人宽厚一点是福，利人实际上是利己的根基。

批评他人应和风细雨

攻人之恶毋太严。

你的亲人，你的朋友，你的同事，你周围的人，如果有缺点，或者犯了过失，作为一个真诚的朋友，你不能沉默不语，更不能迁就附和。孟子说过“不孝有三”，其中第一条就是：“阿意曲从，陷亲不义。”用今天的白话来说，就是见到父母有过错却一味曲意顺从，不加劝说，让他们陷入不义之地。父母有过，不指出乃是最大的不孝。可见指正他人，使他们避免犯错误乃是朋友应有的责任。然而，如何进行批评却是很有讲究的。

向别人指出其缺点错误的时候，一定要注意方式方法，以及自己的态度，不能盛气凌人，用居高临下的态度加以呵斥，一定要给对方面子，想到人家是否能够接受。

最好的办法，是通过自己的行动给别人树立榜样，无言的提醒，有时效果最好。记得有一次，我们一行人前往中国禅宗祖师慧能和尚家乡考察，那时道路尚未改建，我们来自远方，汽车在盘山道上颠簸，大家又累又渴，有些人开始不耐烦起来，讲了些怪话。这时候，坐在前排的一位方丈突然问大家想不想听他唱歌，大家都来了精神，于是那位和尚用干涸的嗓子唱了一首又一首的歌曲，还教大家唱歌的方法，驱散了一车的疲乏，带来了一路的欢声笑语。就在那一刻，我突然明白了一个道理，许多人天天念经，渴望成佛。什么是佛呢？佛是智慧的化身，解脱世间的烦恼，带给人们欢乐，而这一切都应该从日常的细微小事做起，当人们困乏的时候，用歌唱给人信心和力量，这不就是在行善吗？不就是在解脱众生吗？佛经说，佛在每个人的心中，如果我们时时怀着出世的精神做入世的事业，只管行善，莫问前程，不就是最好的修佛吗？

无言的批评，身教的榜样，往往能够达到意想不到的效果。如果遇到用暗示的方式不起作用的人，不得不用言语指出的时候，就要注意时间和场合，不要在大庭广众的场合当面指斥，也不要在对方情绪激动的时候进行批评。有不少人把面子看得比什么都重，一旦觉得面子下不来，那么，他很可能选择坚持错误，批评的效果就适得其反了。批评的时候，口气要尽量的和缓，不要责之过严，要让对方能够接受。

春秋时代，赵国之主新老交替，新王年幼，由赵太后执政。秦国以为有机可乘，发兵进攻赵国。赵国抵挡不住，赶忙向齐国求救，齐国要求以新王之弟长安君为人质，才肯出兵。长安君是赵太后最宠爱的儿子，赵太后哪里舍得，坚决不同意，劝谏的大臣多了，赵太后烦恼起来，宣布再有敢来劝谏者，一定当众唾他一脸。老臣触龙看闹僵了，拖下去国家不保，便自告奋勇，去劝赵太后。

赵太后正在气头上，看触龙怎样斗胆开口。只见触龙慢慢蹭蹭地走上前来，告罪道："我腿脚不好，走不快了，所以许久没来看您，您好吗？"赵太后答道："马马虎虎啦。"触龙便和赵太后聊起家常，让赵太后把怒气和警惕松弛下来，再向赵太后请求道："我已经老了，有个儿子还小，才十五岁，想请太后让他入宫当卫士，积点勋功，将来好有个出身。"赵太后满口答应，也深有感触道："难道你们男人也疼孩子吗？"触龙有了话头，说道："当然疼啊，比女人还疼。"赵太后哑然失笑，问道："何以见得？"触龙说道："我觉得您疼女儿比儿子更甚。女儿出嫁到别国去当王后，您依依不舍。但是，每年祭祖的时候，您总是祈祷女儿千万不要被赶回来，一定要夫妻圆满，多生儿子。那还不是想有外孙，继承王位？您真是为女儿的长远前程着想啊！可是，对于长安君，您就不是这样了，非要把他留在身边不可。您看赵国和别的国家，王子封侯的，现在还有香火不断的吗？为什么都延续不下去呢？就是因为他们从小养尊处优，身处高位，却没有丝毫功劳，大家不服呀。所以，早晚大祸就临头了。您不早早让长安君为国立点功劳，将来您百年之后，谁能罩住他呀？

所以，我看您就不像对女儿那样疼爱儿子。”赵太后一听恍然大悟，同意派长安君去当人质，借齐师解救赵国之围。

你看，和风细雨的批评是不是很有效果，“润物细无声”？

原文

攻人之恶毋太严，要思其堪受。（〔明〕洪应明《菜根谭》）

今译

批评别人的缺点错误不要太严厉，要考虑让人家能够接受。

导人向善要循序渐进

教人以善毋过高

引人向善，一定要循循善诱，依序渐进。要充分肯定人家做的每一点善事，不断增强其信心，提高做善事的能力，积少成多，坚持不懈，不知不觉中踏出一条行善之路。相反，如果从一开始就提出很高的门槛，让人觉得可望不可及，失去信心，反而不好。

近代高僧弘一，原是一位多才多艺的才子，琴棋书画，无不精通，他写的那一首《送别》曲，传唱近一个世纪。每当这曲动人的旋律响起，窗外传来优美而苍凉的词句：

长亭外，古道边，芳草碧连天。晚风拂柳笛声残，夕阳山外山。

天之涯，地之角，知交半零落。一瓢浊酒尽余欢，今宵别梦寒。

我便想起曾经日日与弘一遗迹相伴的日子。弘一出家后主修律宗，持戒甚严，生活极其俭朴。厦门南普陀寺后面的五老峰下，在岩石林间有一座小石屋，孤零零，冰冷冷，涧出其后，蛇盘其前，弘一就在那里闭关修行。几十年后，五老峰已经游客满山，香火甚旺。山下一所大学的几位学生，打算学佛行善，他们听某位法师讲弘一的事迹，受其激励，相约带着铺盖灯火，穿过岩洞，住进弘一闭关的石屋，亲身体验出家人的生活。夜幕降临，寒风在林间激荡，凄厉呼啸，这几位大学生开始还盘腿念经，后来渐渐牙齿打颤，浑身发抖，到天明时早已无影无踪了。弘一是何等人物，有何等智慧定力，他所能做到的，不是普通人不经过修炼就能轻易做到。一夜惊吓，反倒让几位大学生望而却步。

所以，一定要循序渐进，逐步引导。阅历丰富的人，经过人间许多风雨，逐渐洗去浮华，归于平淡，生活俭朴，更加注重内在的修行，可以对自己提出更高的道德要求。严于律己对于自己来说，是一种美德，但是，自己做到的，强制别人也要做到，那就不是美德了。我们不能要求年轻人不要游乐，放弃人生的享受和种种体验，都去过清教徒般的生活。把提升做人品格的愿景，变成一种强制性的清规戒律，把引导人们向善的道德变成偏激的道德主义，那就是一种罪恶。激昂的道德主义高调，往往是专制主义肆虐的前奏。

教人以善，要如沐浴春风，和熙欢畅。最好的诱导，莫过于展示生活中真善美的真谛，它不是通过规则而是做出榜样，不是通过说什么而是展示如何生活。对美好的向往，激起对理想的追求,从善没有门槛,善行无论大小,从小事做起,从最简单的事情做起。星云法师提出:给人信心,给人欢喜,给人希望,给人方便。让人在与你的交往中感到温馨和亲切,受到鼓励和帮助,所到之处,听到歌唱,那就是善。

诗人海涅激情的诗篇,可以成为每一个行善者的自我激励:

我是剑、我是火焰,
黑暗里我照亮了你们。

原文

教人以善毋过高,当使其可从。(〔明〕洪应明《菜根谭》)

今译

教导别人从善不宜要求过高,要让人能够做到。

如何身处顺境和逆境

> 居逆境中，周身皆针砭药石，砥节厉行而不觉。处顺境内，满前尽兵刃戈矛，销膏糜骨而不知。

有人问我，逆境和顺境，哪个好处？我认为顺境比逆境难处。问者大不以为然，顺境犹如搭顺风船，衣食无忧，要风得风，要雨得雨，有何难处呢？

逆境有多种多样，最常见的诸如生活贫穷，怀才不遇。就人生而言，年轻的时候是相当艰苦的，刚刚出来工作，工资不高，却什么都要建设，买房、结婚、生育、抚养子女等等，上有老，下有小，事业未成，没有名气，不受重视，在单位还得经常担当杂务，烦闷得不得了，也可以算是一种逆境。大多数的人都要走过人生的这一段，过后回头一想，当时年富力强，其实并没有什么不得了的，咬咬牙，不泄气，也就扛过来了，反而锻炼了自己的意志力的韧性。

还有一种常见的逆境，周边强敌环视，或遭人嫉妒排挤，或受暗箭中伤，行事被人误解，无端蒙受强压。最典型的莫过于春秋时代的越王勾践，国家被吴王夫差攻破，只好屈尊去作人质，被夫差当奴仆使唤，受到百般凌辱。然而，一个强者绝不会因外来的重压而屈服。相反，恶劣的环境成为一种激励，鼓舞自己一定要排除万难，战胜对手，时刻警惕，毫不松懈。这时，逆境就像是一剂良药，让自己清醒；像是鞭策，让自己奋发；像一面镜子，让自己不犯错误。越王勾践受屈辱而立志复国雪耻，卧薪尝胆，终于打败吴王夫差。

逆境为什么相对好处呢？就因为外压被转化为内在的惕厉，强者遇强则强。相反，顺境首先让自己对眼前的成就感到满足，享受荣耀，容易自我麻痹，逐渐放松警惕性，不再像以前那样严于律己。听多了表扬称颂，不知不觉中滋长起骄傲之心，对人不再谦虚，临事不再恭敬，一旦满足于所取得的成就，就陷入固步自封的境地，虽然表面看起来还在工作，还在写作，但是，已经变成在自己曾经到达的高度之下蹦跶，却不自知，更听不得别人告诉他真实的情况。

特别是内在修养不足的人，一旦美梦成真，面对荣华富贵，手舞足蹈，心猿意马，把持不定。加之有权有势，前呼后拥，便作威作福起来，美酒大餐，享乐纵欲，甚至权钱交易，贪污受贿，最后锒铛入狱。如果用登山作比喻，逆境让你看到山顶而不停攀登，只是气喘如牛，体力难支。顺境却像在山顶观赏风景，东边云海，西边霞光，四处皆美，沉浸其中，不知所从而迷失方向，如果再有海市蜃楼出现，心生贪念，欲求占而有之，便想踏着彩云追月，结果摔入万丈深渊。

逆境和顺境对人生都是一种考验，前者考验毅力，后者考验品德。如果逆境是被别人打垮的，那么顺境就是被自己打倒的。难怪怪唐朝卓有远见的政治家魏征会发出“创业难，守成更难”的深深感概。

原文

居逆境中，周身皆针砭药石，砥节厉行而不觉。处顺境内，满前尽兵刃戈矛，销膏糜骨而不知。（〔明〕洪应明《菜根谭》）

今译

身处逆境，仿佛浑身都有针灸医药，砥砺磨练而不觉。居于顺境，虽然眼前都是兵刃戈矛，销身蚀魂而不知。

处世六招

此六守者，皆谦德也。

对于有所成就的人来说，应该如何处世呢？

汉朝大学者刘向提出六条忠告：

第一，高尚有德的人，要注意保持平等待人，依然恭谨。一个人做了一番对社会有利的事业，学术上取得重大的成就，培养出许多优秀的学子，帮助了许多受困之人等等，受到社会的尊重，地位变了，说话的分量重了，得到大家的关注，这时候更要注意自己的行为举止。中国长期的儒家文化熏陶，养成一种大众心理，那就是道德人格化，对名人高人的道德要求更高，视为楷模。所以，在没出名时可以做的事情，现在就要慎重，要处处以更高的道德标准要求自己，特别是讲话时切勿信口开合了。因为你处在聚光灯下，你的实际成就被放大了，同时，你如果犯错误也同样会被放大。千万不要把名位当作人生的享受，而应视作更大的义务。也许你要说那当名人不是太累了吗？事实就是如此，既然你要当名人，你就在不知不觉中必须承当更重的社会责任。

第二,有钱以后,仍然要保持勤俭。回首创业之路,靠的就是勤奋节俭,那么,如果走向衰败也同样因为松懈骄奢。守成就是要守住一路走来的优秀传统。我认识美国一软件大公司的创始人,他获得很大的成功。他对我说,他全部的外衣只有一种颜色,那是为着每天清晨起床奔往公司上班时,随手抓件衣服穿上,肯定不会出错。再说一件报纸报道的小事。微软公司创始人比尔·盖茨开车到停车场,车库的停车费要贵几美元,他不停,绕到外面便宜的停车处停车。盖茨是世界首富,完全不在乎这几美元,而且,他已经宣布把自己的财富,只留微不足道的一点给子孙,其余全部捐给慈善基金会,可见他也不吝啬。为什么要节省这几美元呢?摆阔是没有教养的坏习气,在有修养的社会遭人鄙视;现代公司管理的基本精神,就是强调理性,不必要的开支就是非理性,因此,盖茨不是要省几美元,而是习惯于理性花钱。

第三,官高权大的人,要保持谦和,以德服众,才能常保富贵。历史上不乏暴发户,历朝历代的高官可以汇成滚滚人流,然而,有几人、几个家族能够长盛不衰呢?相反,贵不及一代,甚至像昙花一现的又何其多。唐朝开国功臣李勣,也就是《隋唐演义》中大名鼎鼎的徐茂功,少年时是一员猛将,他回顾自己一生时说,那时候他是看谁不顺眼就杀,再大几岁,他是逢敌人便杀,到三十代岁以后,他已经是一代名将了，官越做越大，权越来越重，但是，他人却变了，从鲁莽变得喜欢动脑筋，从斗勇变得注重读书，人变得越来越和善，更多看到别人的长处，受到大家的尊敬，位登三公，去世后陪葬在唐太宗陵区，可谓生前显赫，死后哀荣。

第四，兵强马壮的强势人物，一定要懂得不要仗势欺人。美国有一句名言：手中拿着一把锤子，什么问题看起来都成为钉子。所以，见到不听话的，立刻手痒，上去就是一顿拳脚，终于打在马蜂窝上。不管人有多强壮，要懂得伤人一万，自损八千。欺负再弱的人也是要付出代价的，至少路人侧目，你能算出阳损，难道能算出阴损吗？中国文化反对恃强凌弱，广为传诵的诸葛亮武侯祠对联上联称："能攻心则反侧自消，自古知兵非好战。"

第五，聪明人要大智若愚，不要处处显露，卖弄聪明，那只是小聪明。你处处显得高人一筹，人家就不愿意和你多来往了。我担任厦门市留学生同学会副会长的时候，组团出席国家举办的留学人员招聘会，有个别留学人员利用招聘会提供的国际交通费回家探亲，而不是来应聘的。这时，有人提出要向大会组委会检举。我不赞成，因为招聘会已经开了多届，组委会早就知道存在这种情况，然而，他们依然出资请留学生回来，我感到的不是他们昏庸受骗，而是聪明和胸怀。世事难纯，管理者追求的不应该是百分之百的纯粹，而是把不纯的部分控制在一个较低的百分比之内，"难得糊涂"。

第六，博学多识的人要保持谦虚，不要到处炫耀才学，那种人肯定不会有太多的真才实学。学而后知畏，懂得越多，越会发现哪怕一个小问题，我们都难以穷尽它，确切地下结论。因此，我们就更需要集思广益，多听听各方面的见解。或许你在你所处的领域内，对于一个问题达到无所不知的程度，但是，你可能没有发现，从另外一个学科考察，会得出许多出乎你意外的见解，这样的事例我遇到不少。我非常幸运，不时有机会与国内外不同行的一流学者同行，人文、社会、理学、医药、工科等专家聚集在一起，讨论同一个问题，让我深刻感到自己的无知和渺小。只有倾听四面八方的意见，才能开拓视野和胸怀。

这六条，归根结底就是中国传统美德常称道的："满招损，谦受益。"

原文

德行广大而守以恭者荣，土地博裕而守以俭者安，禄位尊盛而守以卑者贵，人众兵强而守以畏者胜，聪明睿智而守以愚者益，博闻多记而守以浅者广。此六守

今译

德行广大而能保持恭敬者昌盛，地大物博而能保持节俭者平安，位高权重而能保持谦卑者尊贵，兵强马壮而能保持慎畏者得胜，聪明睿智而能保持沉潜者受益，

者，皆谦德也。（〔西汉〕刘向《说苑·敬慎》“周公诫子勿骄士”）

见多识广而能坚持求知者渊博。坚守的这六条，都是谦虚美德。

外来的和尚会念经

世人多蔽，贵耳贱目，重遥轻近。

据说人有一个不太好的倾向，那就是重视耳闻而不重视眼睛所见。大概因为眼睛看得见，经常在一起，就不放在心上。如果见到的是比自己差的，就看不起人家；如果是比自己强的，则往往嫉妒排挤，总觉得比自己高明不了多少，不服气，小心眼的人甚至给人家下脚绊，不一而足。平日熟悉的人当中，即使有贤人，也不懂得珍重，日常相处，轻慢戏弄，毫无敬意。

相反，如果是他乡异处出了个人物，名声传了出来，人们相互探听，翘首以待，都想一睹其风采，一旦相见，则恭敬有加，赞不绝口，人前人后，以曾经相识为荣。于是颂声四起，大家趋之若骛。

其实，把自己周围的贤者同远方的能人作比较，未必输给人家。但是，我们或者看不见，或者不愿意看见，宁可用外来的人，也不肯用周围的人，所以，俗话说："外来的和尚会念经。”孔子是我国历史上伟大的教育家，对社会人生有着哲理性的深入观察，他的话，到今天都具有重大的启示意义，千百年来，一代又一代的中国人读他的书，被他的思想所折服，公认他是对中国影响最大的思想家。然而，今天的人哪里会想到，当年和孔子紧邻的鲁国人，对他可是颇为不恭，别国的人提起孔子，鲁国人就会轻蔑地说：“不就是那个‘东家丘’嘛。”（孔子名丘）

春秋时代，晋国是五霸之一，兵强马壮。与之相邻的有虞国和虢国，都是小国。晋国向虞国提出，要借道虞国去攻打虢国，答应给虞国好处。这其中暗藏着极其危险的玄机，虞国的大臣宫之奇看了出来，力劝国王万万不可同意。可是，短视的国王贪图晋国的好处，而且，宫之奇从小在国王家长大，是国王的玩伴，所以，他长大后虽然贤明，国王却没有真正重视他。虞国王不听宫之奇的劝谏，打开城门，让晋国的军队通过，一举灭了虢国。晋军班师，虞国王还盼着晋国兑现给他的好处，却没想到晋军顺便把虞国给灭了。

发现人才难，发现身边的人才更难，所以，一定要善于从日常中看到别人的优点，学会尊重人才。

原文

世人多蔽，贵耳贱目，重

今译

世间的人们大多带有偏

遥轻近。少长周旋，如有贤哲，每相狎侮，不加礼敬；他乡异县，微藉风声，延颈企踵，甚于饥渴。（〔隋〕颜之推《颜氏家训》）

见，他们重视耳闻，却轻视眼睛看到的东西；重视远方的事情，却轻视身边发生的事物。对于从小到大一起玩耍成长的人，其中如果有贤哲人才，也往往过于亲近而侮慢，不会敬重有礼。至于他乡异县的人物，那怕传来一点名声，都会踮起脚跟，伸长脖子，期盼之情，甚于饥渴。

纸上谈兵

士君子之处世，贵能有益于物耳，不徒高谈虚论，左琴右书，以贵人君禄位也。

人在世上，都要做一个有益于社会的人。活在世上，一衣一饭，都是许多人辛劳耕作生产出来的，穿着漂亮的衣服，吃上美味佳肴，当思回报于社会。更不要说当公务员领丰厚的工资，工资来自税收，税收是人民辛勤劳动的成果，因此，公务员是人民供养的，不想着为老百姓办事，当官做老爷，欺压百姓，忘记了人民的养育恩情，实属可耻。

那么，要怎样做一个有利于社会的人呢？

做人立世，首先要不尚高谈空论。表面看起来似乎没有什么危害，最多是对自己无益而已，其实不然。拿份薪俸，徒费百姓血汗且不说，迷惑他人，特别是以空谈而受到上级的重视，委以重任，官当得越大，危害也就越严重。

春秋时代，赵国有位杰出的将领叫赵奢，在国家遭受强敌入侵、生死存亡之际，担负起保卫国家的重任，以弱胜强，挽救了赵国。从此，赵王非常信任和器重赵奢，视之为国家栋梁。

赵奢有个儿子叫赵括，身出将门，自幼熟读兵书，把军事理论讲得头头是道，如何调兵布阵，埋伏奇袭，无不知晓。他时常和父亲讲兵，一套又一套，常常把赵奢说得无言以对。赵括辩倒父亲，好不得意，不把打仗当回事，到处自吹自擂，以天下军事家自居。因为他父亲的功勋德望，人们都信以为真，当作将门虎子，只有其父心底里暗暗叫苦不迭。

赵奢年纪大了，又生重病，眼见不行了，他只有一件事放心不下，故咽气之前，把夫人叫到病床前，一再交待：今后赵国有战事，你一定要阻拦赵王用儿子为将。打仗是性命相搏之事，即使万分谨慎小心都唯恐思虑不周，可咱们的儿子不把战争当回事，只会高谈阔论，让他带兵，必败无疑，不但国家遭殃，而且赵王追究起来，咱们也将家门不保。千万告诉赵王不能用咱们的儿子为将，切记、切记……

事情果然不出赵奢所料。几年之后，秦国大举进攻赵国，秦将白起是名震天下的名将，赵国的几位老将军带兵抵御，都吃了败仗。老将廉颇高垒深沟，坚壁死守，秦兵无可奈何，就想出一条反间计来，派人到赵国散布说秦朝根本没把赵国这几个老将放在眼里，就害怕赵奢的儿子赵括，只要他统兵，秦军必败无疑。赵王被秦军围攻，久久不能解围，心头正窝火，闻此果然中了秦人的反间计，委任赵括为赵军总帅，取代老将廉颇。赵括的母亲连忙进宫死谏，把赵奢的遗嘱都搬了出来。但是，赵括善谈兵，名气太大，赵王就是不相信赵母，赵母只好和赵王订约，如果儿子兵败，绝不追究，赵王答应了。

赵括率军，一改老将闭城死守的方针，下令全线出击，猛攻秦军。白起听说赵军换帅，赵括统军，不由得大喜过望，下令全军且战且退，佯装失败。赵括还真以为自己善于用兵，秦军怕他，遂不加提防，孤军深入，到达秦军预先设定的山地战场。这时，白起事先埋伏于此的伏兵四起，把四十万赵军包围得严严实实，插翅难逃。秦军围而不打，赵军断水断粮，不得不投降，赵括率部突围，被秦军乱箭射得浑身像马蜂窝一般，横尸战场，果然如其父所料，害了国家，把赵国的一点老本都输光了。四十万青年兵丁惨遭秦军坑杀，搞得赵国多年举国无壮丁，民间一片哭声，满街白幡，好不凄惨。幸好赵母与赵王有约在先，勉强保住了家人的性命。

空谈误国，越会吹牛皮，就害人越深。

原文

士君子之处世，贵能有益于物耳，不徒高谈虚论，左

今译

士君子立身处世，贵在能有益于他人和社会，不能

琴右书，以贵人君禄位也。（〔隋〕颜之推《颜氏家训》）

只是高谈空论，弹弹琴，写写字，虚耗君王的俸禄，尸位素餐。

给予是最大的幸福

自己凡事节俭，若有余钱，便周济贫苦。

我们都希望自己生活得富裕幸福。富裕和幸福其实是两个概念，并不相等。不少富有之人，成日奔走赚钱，忙得像陀螺一般，虽然赚了像金山一般的钱款，却没有时间学习，甚至无法经常和家人一起享受天伦之乐，内心空虚，并不见得幸福。

当然，富裕是幸福的重要条件，如果成天为三餐奔波，也很难说日子过得幸福。但是，当正常的温饱生活得到保证，金钱的意义就开始降低了。达到一定程度之后，金钱往往成为一个数字，更多用以表示你的成就与贡献，并没有多少实用的意义。至于追求奢侈，那是个无底洞，永远也无法满足，除了炫耀之外，和幸福实在沾不上边，这里不予讨论。

那么，什么是幸福呢？有多种定义。美国心理学家曾经提出四条标准：(1)是否充满活力，以灵活和开放的心态面对变化？(2)是否以积极的心态面对未来？(3)生活中基本的需求是否实现了？(4)是否有亲密的朋友在需要的时候，给你有力的支持？

在这四条标准中，物质的标准并不高，差不多就等于中国人说的温饱而已，更受重视的是精神的条件，要有健全的心态，充满活力和理想，以及友善的人事关系。精神方面的标准，需要通过学习和提高修养来充实，只有你成为一个宽宏大量而富有魅力的人，才会有许多朋友围绕在你身边。

如果富裕表示的是占有，通过你的劳动而从社会索取报酬，占有资源，那么，它必须有个限度，一直想扩大占有就会变成贪婪，欲火中烧而变得病态。因此，拥有一定的物质条件之后，就要学会享受，不知道大家是否想过如何享受？其实，最好的享受就是给予，用你拥有的东西去帮助需要得到帮助的人。美国作家海明威在把诺贝尔文学奖金捐赠出来的时候，道出了幸福的真谛："当你把一件东西拿出去的时候，你才拥有它。"你把快乐拿出来与朋友分享，快乐就和分享的人数成比例地倍增；而当你遇到困难的时候，就会有许多人来分担你的痛苦，困难将成倍地减小，众志成城，有什么难关不能迈过，有什么痛苦不能克服？

所以，亚里士多德说："幸福的生活是一辈子都要有善行。"大度、开朗、热情、慷慨、豁达，看淡功名利禄，更多去关心别人，你就能获得解放，感受到无边的幸福。曾经多年被评选为世界首富的微软公司创始人比尔·盖茨，决定把个人财富仅留下微不足道的一点给子孙，其余都捐给慈善事业，去帮助全世界的穷人。他从物质、欲望的束缚中获得了解脱，获得的是升华的美好世界。

我曾经在2005年复旦大学百年校庆的毕业典礼上，给即将奔向社会的莘莘学子献上最真诚的祝福：

影响我们扎扎实实前行，是因为外面的诱惑太多，我们的需求太迫切。作为一无所有的青年，我们要解决房子、妻子、车子等等问题，因此，我们太需要票子了，我们从对社会的索取获得满足。但是，当你在合理索取的时候，我希望你们能尽早领略到施与的快乐。人是要有奉献精神的，当你慷慨解囊帮助一位无助的穷人，你一定能够从对方的笑脸，获得无比的快乐，用满足他人来满足自己。但求奉献，不计回报，你才能体会到一种解脱，从物欲的枷锁中解脱出来。风景这边独好！人生就是在不断的解脱中升华。

原文

富人要怜念穷人也。……我们有穿有吃，一家饱暖，要想那莫穿莫吃、饥寒之人，何等凄惨。自己凡事节

今译

富人要怜悯惦念穷人。……我们有穿的有吃的，一家温饱，要想想那些没衣穿没饭吃、饥寒之人，何等凄

俭，若有余钱，便周济贫苦。从兄弟家门亲戚起，以次而推，不要吝惜。古人有言：你怜悯贫苦之人，天地神灵怜念于你。断无因周济贫困，子孙至于饥寒者。勉之勉之。（〔清〕刘沅《寻常语》）

惨。自己凡事多节俭，如果有剩余的钱，就拿去接济贫苦人。先从自家兄弟亲戚做起，逐渐推广，不要吝惜。古人有言道：你怜悯贫苦之人，天地神灵就会垂顾于你。绝不会因为接济贫困之人而使得子孙陷于饥寒的，多多努力啊。

清白是最好的遗产

以清白遗子孙，不亦厚矣！

把什么留给子孙好呢？中国文化传统特别重视家庭，一般人都想给子孙留下一大笔丰厚的家产，一辈子赚钱，舍不得花，留给子孙，唯恐他们受穷挨困。开公司，也是家族公司，不愿意把所有权和经营权分开，子孙相传，总是家族企业。

这种做法并不好，首先是束缚了子孙的创造性才能。虽然父母无此心，却往往会造成子孙被圈在家族小圈子的结果，视野不开阔，事业就难以更上一层楼。大凡成功人物，要靠自己拼搏，做出让人信服的事业来。所以，与其让子孙自恃家族为靠山，不如相信"子孙自有子孙福"，鼓励他们出去闯荡。其次，这种做法会养成子孙严重的依赖性。从小呵护过头，养成衣来伸手、饭来张口的坏习气，接受遗产，坐吃山空。最差的是培养出败家子来，不但把家业给败了，更把祖宗声誉都给糟蹋了。就产业而言，把所有权同经营权剥离，聘请专门人才经营，使得辛苦创造的事业得以赓续，不失为一种好办法。

美国微软公司创始人比尔·盖茨把产业捐给慈善基金会，是胸怀更大的做法。中国古代有识之士，不少人也采取这类做法。汉唐数百年间，弘农杨氏是天下最有声望的家族，这个家族真正崛起的奠基人是东汉末期的杨震，他在朝当官，抨击腐败，激浊扬清，得罪权势，遭贬回乡。然而，他的品格受到世人景仰，成为楷模。其子孙秉承他的家训，以学问品德相承，人才辈出，海内著称。人们不能不佩服杨震的远见卓识与训导有方，他两袖清风，没有什么产业留下，但他说："把清白遗留给子孙，不也是财富吗？"

如果再往前追溯，汉代山东地区出了一位大儒，名叫韦贤，七十岁时当上丞相，他留给儿子的就是良好的教育，所以其子后来通过国家的考试，出来当官做事，也当到丞相。父子两代都是大儒高官，传为佳话，故山东地区的谚语称："遗子黄金满籝，不如一经。"

打算为子孙好，希望他们有出息，不是想方设法在物质上满足他们，而是在品德、志向和修养上培养他们，给他们留下清誉，留几本书，比什么都好。千万不要巧取豪夺，伤天害理，让子孙后代永远抬不起头来，遗产再多也无济于事，反而坏了他们的前程，就像宋朝秦桧的后裔，改姓埋名，藏藏匿匿过日子。

原文

古人所谓"以清白遗子孙,不亦厚矣!"又云:"遗子黄金满籯,不如一经。"(〔梁〕徐勉《诫子崧书》)

今译

古人说:"把清白留给子孙,不也够丰厚的吗?"又说道:"留给子孙黄金满筐,不如传给他一本经书。"

宠辱不惊，看庭前花开花谢

宠辱不惊，看庭前花开花谢。

一个人的品格修养，就看他如何对待荣辱，利益关己，本性尽显。

有个人功名心极重，研究生毕业后，急着评高级职称，虽然有本瞎搬弄别人从国外贩来的所谓经济学理论套到中国历史上的小书，但实在称不上什么像样的学术著作，只好靠走关系。投票时，当然出现了反对票。于是，这位老兄提着水果礼盒，到各个学术委员家去，一边送礼，一边痛骂投反对票的人有眼无珠。送到某一家，他又照本宣科，骂得口沫四溅时，这位委员勃然大怒，当面指斥他无耻，告诉他，我就是投反对票的人，我觉得你果真像你说的水平那么高，那么你早就该上更高的职称了，所以我投了反对票。这位老兄只好灰溜溜地提着礼盒出去。

这件事情说明，一个人首先要有真才实学，不要把个人功名看得太重，什么都靠钻营，还要别人尽顺己意，一切以自己优先，否则什么手段都使出来。结果遇到真君子，自取其辱。

人生过得是否美满幸福，往往在一念之差。你越计较，越奢望，越贪图，越自私，你就被物欲束缚得越紧，所谓欲壑难填，永远都不会感到满足和幸福。相反，你越大度、越实在、越知足，你就活得越有意义，越充实幸福。所以，不能看破功名利禄，至少也要看淡它。人言道："人比人，气死人。"我曾经有一位邻居，夫妇都九十多岁，单位对他们颇恶，甚至到不太人道的地步，把他们从楼房里驱逐出去，赶到用旧社会监狱改造而成的黑房子里住。然而，这位老人每天依然乐呵呵的，还经常顺便帮助邻居买东西。我非常佩服他的好心态，问他如何养生，他说：我经常和别人相比，不是和比我好的人比，而是同比我差的人比，我比上不足比下有余，日子过得比我差的大有人在，我已经感到很幸福了。就这样，两位老人通过帮助别人获得快乐和幸福。我衷心祝福他们寿比南山。他这番话对我的感动铭心刻骨。我不由地想起厦门南普陀寺妙湛老方丈临终前，用颤巍巍的手指头写下"勿忘世上苦人多"。

最近在网易历史网站上读到一篇文章，记述张爱萍将军的事迹，感人至深，转引于下：

抗日战争时期，张爱萍将军曾任"抗大"四大队教员。四大队又称学员队，学员均来自全国各地之知识青年。将军上课,从无讲义,随问随答,引经据典,文才飞扬。如,有人问张爱萍将军:“你的具体职务是什么?”将军答“红军战士!”即反问:“你们知道什么是战士吗?”即自答:“战士,顾名思义就是战斗之士。”即阐述:“‘富贵不能淫,威武不能屈,贫贱不能移’,乃战士之本色;‘先天下之忧而忧,后天下之乐而乐’,乃战士之胸襟;‘泰山崩于前而色不变,麋鹿兴于左而目不瞬’,乃战士之胆魄;‘登山则情满于山,观海则意溢于海’,乃战士之情怀;‘能百能千而不厌不倦’,乃战士之追求。”即总结:“我愿与同学们一起在我工农红军最高学府,在如火如荼的革命岁月,‘苦其心志,劳其筋骨,饿其体肤’,锲而不舍,百折不挠,把自己锻炼成名副其实的革命战士。”言罢掌声如雷。

原文

宠辱不惊,看庭前花开花谢。去留无意,随天外云卷云舒。(〔明〕洪应明《菜根谭》)

今译

无论受宠或者受辱,都不为所动,看那庭前的花朵,有开有谢。不管升迁或是归去,都不要太在意,像天上的云朵翻卷舒张。

附录:曾国藩遗嘱

曾国藩是晚清重要的历史人物,他从小饱读诗书,并以儒家道德为准则,激励自己。他年轻中进士,在京当官,仕途顺达。不久,爆发了太平天国运动,清朝八旗兵纷纷败阵,曾国藩恰好居丧在家,遂报经清政府同意组织乡兵,开始了长期的镇压太平天国的军事生涯。在此过程中,曾国藩虽然站在维护清王朝的立场上,但是,他也深刻认识到清朝官僚机构的腐败和西方技术文明的先进,探索"中体西用"的道路。曾国藩虽然把西方技术文明与其人文、社会文明割裂开来,没有认识到技术是社会文化的产物,不能割裂,但是,他们那一代人却是中国实践中西文化相结合的探索者。曾国藩的事业及其思想十分复杂,他既是挽救清朝的"中兴之臣",也是汉族在满清政坛上重新崛起的领袖,他被视为儒家道德楷模,也是现代文明的引入者,他在军事、政治上的成就,及其思想文化上的成就,影响了几代人,近代中国革命者无不受到他的巨大影响，不少人甚至是他的崇拜者。曾国藩以其一生的经验，给子孙留下遗嘱，训导他们如何为人处事，与家训性质相同。这份遗嘱，有助于了解传统儒学家族是如何教育后代的，故附录于此，以为参考。

余通籍三十余年，官至极品，而学业一无所成，德行一无可许，老人徒伤，不胜悚惶惭赧。今将永别，特立四条以教汝兄弟。

一曰慎独则心安。自修之道，莫难于养心；养心之难，又在慎独。能慎独，则内省不疚，可以对天地质鬼神。人无一内愧之事，则天君泰然，此心常快足宽平，是人生第一自强之道，第一寻乐之方，守身之先务也。

二曰主敬则身强。内而专静统一，外而整齐严肃，敬之工夫也；出门如见大宾，使民为承大祭，敬之气象也；修己以安百姓，笃恭而天下平，敬之效验也。聪明睿智，皆由此出。庄敬日强，安肆日偷。若人无众寡，事无大小，一一恭敬，不敢懈慢，则身体之强健，又何疑乎？

三曰求仁则人悦。凡人之生，皆得天地之理以成性，得天地之气以成形，我与民物，其大本乃同出一源。若但知私己而不知仁民爱物，是于大本一源之道已悖而失之矣。至于尊官厚禄，高居人上，则有拯民溺救民饥之责。读书学古，粗知大义，即有觉后知觉后觉之责。孔门教人，莫大于求仁，而其最初者，莫要于欲立立人、欲达达人数语。立人达人之人，人有不悦而归之者乎?

四曰习劳则神钦。人一日所着之衣所进之食，与日所行之事所用之力相称，则旁人韪之，鬼神许之，以为彼自食其力也。若农夫织妇终岁勤动，以成数石之粟数尺之布，而富贵之家终岁逸乐，不营一业，而食必珍馐，衣必锦绣，酣豢高眠，一呼百诺，此天下最不平之事，鬼神所不许也，其能久乎? 古之圣君贤相，盖无时不以勤劳自励。为一身计，则必操习技艺，磨练筋骨，困知勉行，操心危虑，而后可以增智慧而长才识。为天下计，则必己饥己溺，一夫不获，引为余辜。大禹、墨子皆极俭以奉身而极勤以救民。勤则寿，逸则夭；勤则有材而见用，逸则无劳而见弃；勤则博济斯民而神祇钦仰，逸则无补于人而神鬼不歆。

此四条为余数十年人世之得，汝兄弟记之行之，并传之于子子孙孙。则余曾家可长盛不衰，代有人才。

索引

C

宠辱不惊,看庭前花开花谢。去留无意,随天外云卷云舒。(〔明〕洪应明《菜根谭》) 162

处世让一步为高,退步即进步的张本。(〔明〕洪应明《菜根谭》) 127

此等世界,骨脆胆薄,一日立脚不得。尔等从未涉世,做好男子,须经磨练。生于忧患,死于安乐,千古不易之理也。(〔清〕孙奇逢《孝友堂家训》) 13

(聪明)若用于不正,则适足以长傲、饰非、助恶,归于杀身而败名。不然,即用于无益事。小若了了,稍长,锋颖消亡,一事无成,终归废物而已。(〔清〕魏禧《给继子魏世侃家书》) 25

D

大凡敦厚忠信，能攻吾过者，益友也。其谄谀轻薄、傲慢亵狎、导人为恶者，损友也。……见人嘉言善行，则敬慕而纪录之；见人好文字胜己者，则借来熟看，或传录之而咨问之，思与之齐而后已。（〔南宋〕朱熹《训子帖》） 118

待人宽一分是福，利人是利己的根基。（〔明〕洪应明《菜根谭》） 130

澹泊之士，必为浓艳所疑；检饰之人，多为放肆者所忌。君子处此，固不可少变其操履，亦不可太露其锋芒。（〔明〕洪应明《菜根谭》） 124

德随量进，量由识长，故欲厚其德，不可不弘其量。欲弘其量，不可不大其识。（〔明〕洪应明《菜根谭》） 28

德行广大而守以恭者荣，土地博裕而守以俭者安，禄位尊盛而守以卑者贵，人众兵强而守以畏者胜，聪明睿智而守以愚者益，博闻多记而守以浅者广。此六守者，皆谦德也。（〔西汉〕刘向《说苑·敬慎》"周公诫子勿骄士"） 144

德者才之主，才者德之奴。有才无德，如家无主而奴用事矣，几何不魍魉而猖狂。（〔明〕洪应明《菜根谭》） 31

读书要目到、口到、心到。（〔清〕左宗棠《左宗棠全集·家书》） 88

F

夫君子之行，静以修身，俭以养德，非淡泊无以明志，非宁静无以致远。夫学，欲静也；才，欲学也。非学无以广才，非志无以成学。淫慢则不能励精，险躁则不能治性。年与时驰，意与日去，遂成枯落，多不接世，非守穷庐，将复何及！（〔三国〕诸葛亮《诫子书》） 38

富人要怜念穷人也。……我们有穿有吃，一家饱暖，要想那莫穿莫吃、饥寒之人，何等凄惨。自己凡事节俭，若有余钱，便周济贫苦。从兄弟家门亲戚起，以次而推，不要吝惜。古人有言：你怜悯贫苦之人，天地神灵怜念于你。断无因周济贫困，子孙至于饥寒者。勉之勉之。（〔清〕刘沅《寻常语》） 155

G

盖世人读书，第一要有志，第二要有识，第三要有恒。有志则断不甘为下流；有识则知学问无尽，不敢以一得自足，如河伯之观海，如井蛙之窥天，皆无识者也；有恒则断无不成之事。此三者缺一不可。（〔清〕曾国藩《致澄温沅季诸弟》） 77

攻人之恶毋太严，要思其堪受。（〔明〕洪应明《菜根谭》） 134

古人所谓"以清白遗子孙,不亦厚矣!"又云:"遗子黄金满籯,不如一经。"(〔梁〕徐勉《诫子崧书》) 159

古之学者为己,以补不足也;今之学者为人,但能说之也。古之学者为人,行道以利世也;今之学者为己,修身以求进也。夫学者犹种树也,春玩其华,秋登其实;讲论文章,春华也,修身利行,秋实也。(〔隋〕颜之推《颜氏家训》) 85

H

汉时贤俊,皆以一经弘圣人之道,上明天时,下该人事,用此致卿相者多矣。末俗已来不复尔,空守章句,但诵师言,施之世务,殆无一可。……邺下谚云:"博士买驴,书券三纸,未有驴字。"使汝以此为师,令人气塞。(〔隋〕颜之推《颜氏家训》) 100

J

教人以善毋过高,当使其可从。(〔明〕洪应明《菜根谭》) 137

居逆境中,周身皆针砭药石,砥节厉行而不觉。处顺境内,满前尽兵刃戈矛,销膏糜骨而不知。(〔明〕洪应明《菜根谭》) 140

R

人之气质，由于天生，本难改变，唯读书则可变化气质。古之精相法者并言读书可以变换骨相，欲求变之之法，总须先立坚卓之志。（〔清〕曾国藩《曾文正公家训》） 73

人之虚实真伪在乎心，无不见乎迹，但察之未熟耳。一为察之所鉴，巧伪不如拙诚，承之以羞大矣。……以一伪丧百诚者，乃贪名不已故也。（〔隋〕颜之推《颜氏家训》） 55

S

盛德者，其心和平，见人皆可交；德薄者，见人皆可鄙。观人者，看其口中所许可者多，则知其德之厚矣。看其人口中所未满者多，则知其德之薄矣。（〔清〕唐彪《人生必读书》） 115

士君子之处世，贵能有益于物耳，不徒高谈虚论，左琴右书，以贵人君禄位也。（〔隋〕颜之推《颜氏家训》） 151

世人多蔽，贵耳贱目，重遥轻近。少长周旋，如有贤哲，每相狎侮，不加礼敬；他乡异县，微藉风声，延颈企踵，甚于饥渴。（〔隋〕颜之推《颜氏家训》） 147

是以与善人居，如入芝兰之室，久而自芳也。（〔隋〕颜之推《颜氏家训》） 111

受人之恩，虽深不报，怨则浅亦报之；闻人之恶，虽隐不

疑，善则浅亦疑之，此刻之极，薄之尤也，宜切戒之。（〔明〕洪应明《菜根谭》） 64

T

（陶）侃在州无事，辄朝运百甓于斋外，暮运于斋内。人问其故，答曰："吾方致力中原，过尔优逸，恐不堪事。"其励志勤力，皆此类也。（《晋书·陶侃传》） 43

W

万事须以一诚字立脚跟，即事不败。未有不诚能成事者。虚伪诡诈，机谋行径，我非不能，实不为也。（〔明〕王汝梅《王氏家训》） 51

为人母者，不患不慈，患于知爱而不知教也。古人有言曰："慈母败子。"爱而不教，使沦于不贤，陷于大恶，入于刑辟，归于乱亡。（〔北宋〕司马光《家范》） 17

吾家风教，素为整密。昔在龆龀，便蒙诱诲；每从两兄，晓夕温凊。规行矩步，安辞定色，锵锵翼翼，若朝严君焉。赐以优言，问所好尚，励短引长，莫不恳笃。年始九岁，便丁荼蓼，家涂离散，百口索然。慈兄鞠养，苦辛备至；有仁无威，导示不切。虽读《礼》《传》，微爱属文，颇为凡人之所陶染，肆欲轻言，不修边幅。年十八九，少知砥砺，习若自然，卒难洗荡。二十已后，大过稀焉；每常心共口敌，性与情竞，夜觉晓

非，今悔昨失，自怜无教，以至于斯。追思平昔之指，铭肌镂骨，非徒古书之诫，经目过耳也。（〔隋〕颜之推《颜氏家训》） 4

吾遭乱世，当秦禁学，自喜，谓读书无益。洎践祚以来，时方省书，乃使人知作者之意，追思昔所行，多不是。（〔西汉〕刘邦遗嘱，收于《全汉文》） 69

勿以恶小而为之，勿以善小而不为。惟贤惟德，能服于人。（〔三国〕刘备遗嘱，收于《全三国文》） 58

X

昔者，周公一沐三握发，一饭三吐餐，以接白屋之士，一日所见者七十余人……门不停宾，古所贵也。（〔隋〕颜之推《颜氏家训》） 120

孝始于事亲，中于事君，终于立身。扬名于后世，以显父母，此孝之大者。（〔西汉〕司马谈遗嘱，《史记·太史公自序》）108

学问有利钝，文章有巧拙。钝学累功，不妨精熟；拙文研思，终归蚩鄙。但成学士，自足为人。必乏天才，勿强操笔。吾见世人，至无才思，自谓清华，流布丑拙，亦以众矣，江南号为诊痴符。……自见之谓明，此诚难也。（〔隋〕颜之推《颜氏家训》） 96

学者有段兢业的心思，又要有段潇洒的趣味。若一味敛

束清苦，是有秋杀无春生，何以发育万物？（〔明〕洪应明《菜根谭》） 81

学之兴废，随世轻重。汉时贤俊，皆以一经弘圣人之道，上明天时，下该人事，用此致卿相者多矣。末俗已来不复尔，空守章句，但诵师言，施之世务，殆无一可。故士大夫子弟，皆以博涉为贵，不肯专儒。（〔隋〕颜之推《颜氏家训》） 93

Y

咬得菜根，百事可做。（〔明〕洪应明《菜根谭》） 8

用其言，弃其身，古人所耻。凡有一言一行，取于人者，皆显称之，不可窃人之美，以为己力；虽轻虽贱者，必归功焉。窃人之财，刑辟之所处；窃人之美，鬼神之所责。（〔隋〕颜之推《颜氏家训》） 104

有志方有智，有智方有志。惰士鲜明体，昏人无出意。兼兹庶其立，缺之安所诣。珍重少年人，努力天下事。（〔明〕汤显祖《智志咏》） 34

欲知子弟读书之成否，不必观其气质，亦不必观其才华，先要观其敬与不敬，则一生之事，概可见矣。（〔明〕何伦《何氏家规》） 47

怨因德彰，故使人德我，不若德怨之两忘。仇因恩立，故使人知恩，不若恩仇之俱泯。（〔明〕洪应明《菜根谭》） 61

乙

子弟朴纯者不足忧，唯聪慧者可忧耳。自古败亡之人，愚钝者十二三，才智者十七八。盖钝者多是安分小心，敬畏不敢妄作，所以鲜败；若小有才智，举动剽轻，百事无恒，放心肆己，而克有终者罕矣。（〔清〕张履祥《训子语》） 21

编者后记

经典本是前人鲜活的生命体验，虽经历了千百年，对今天的生活仍具指导意义。对于经典，经学家的解读往往化简为繁，让人难以接近，更令普通读者望而却步。这套丛书则独辟蹊径，从每一部经典中选取最具警策意义、最接近今日生活的“百句”，加以引申，等于给繁忙而有为的读者提供了一个精华的选本，同时也为读者深入思考人生指引了一条门径。百句，当然不一定就是整整一百句，每本书的体例也不尽相同，有的是一句一议，有的是精选数句说明一个话题，还有的选句则“藏”在正文的解读之中。

从书虽小，却云集了一批学术名家。他们对经典有精深的研究，对生活有独到的感悟。由他们带领读者穿越历史，与先贤对话，交流，碰撞，想必会是一次愉快的精神历险。这套丛书之所以叫“悦读经典”，就是希望读者捧读这些小书时能享受到一种身心的愉悦。

愿读者诸君阅读愉快。

图书在版编目(CIP)数据

家训一百句/韩昇解读. —上海:复旦大学出版社, 2008.2(2018.6 重印)
(悦读经典小丛书)
ISBN 978-7-309-05917-5

Ⅰ. 家… Ⅱ. 韩… Ⅲ. 家庭道德-中国-古代 Ⅳ. B823.1

中国版本图书馆 CIP 数据核字(2008)第 010223 号

家训一百句
韩 昇 解读
责任编辑/宋文涛

复旦大学出版社有限公司出版发行
上海市国权路 579 号 邮编:200433
网址:fupnet@fudanpress.com http://www.fudanpress.com
门市零售:86-21-65642857 团体订购:86-21-65118853
外埠邮购:86-21-65109143
常熟市华顺印刷有限公司

开本 850×1168 1/32 印张 6.125 字数 107 千
2018 年 6 月第 1 版第 5 次印刷
印数 19 401—21 500

ISBN 978-7-309-05917-5/B · 287
定价: 15.00 元